우리아이
작은습관

우리아이

작은 습관

이범용 지음

스마트
북스

우리아이

작은
습관

초판 발행 2018년 11월 15일
2쇄 발행 2019년 6월 20일

지은이 이범용
펴낸이 유해룡
펴낸곳 ㈜스마트북스
출판등록 2010년 3월 5일 ┃ 제2011-000044호
주소 서울시 마포구 월드컵북로 12길 20, 3층
편집전화 02)337-7800 ┃ **영업전화** 02)337-7810 ┃ **팩스** 02)337-7811
원고투고 www.smartbooks21.com/about/publication
홈페이지 www.smartbooks21.com

ISBN 979-11-85541-86-0 13590

"습관은 위대한 씨앗이다."

아이 습관 만들기 프로젝트, 2년의 기록

딸과 함께한 시행착오, 성장과 변화 이야기

"아빠, 나도 아빠처럼 예쁘게 노트 만들어보고 싶어요."

2016년 5월 6일, 당시 여덟 살이던 딸이 저의 보물 1호인 〈메모 노트〉
를 유심히 살피더니 툭 던진 한마디입니다.

당시 저는 평상시처럼 책을 읽은 후에 감동받은 문장을 노트에 옮겨
적은 후, 다시 한번 읽으면서 기억하고 싶은 단어와 표현에 형광펜으로
밑줄을 긋거나 강조하고 있었습니다.

옆에서 『만화로 보는 그리스 · 로마 신화』를 읽던 딸은 그런 제 모습
을 가만히 보고 있다가, 자기도 아빠처럼 예쁜 노트를 만들고 싶다며
벌떡 일어나 노트 한 권을 가져오더니 물었습니다.

"아빠, '제자'가 무슨 뜻이에요?"

저는 바로 대답해주지 않고 딸에게 같이 사전을 찾아보자고 했습니
다. 딸은 사전에서 뜻을 찾은 후 노트에 옮겨 적고 형광펜으로 알록
달록하게 강조 표시를 했습니다.

그 이후 딸은 모르는 단어를 발견할 때마다 "노트 선생님~"을 외치며 사전을 찾아보고 메모하기 시작했습니다. 그 뒤로 딸의 메모 습관에는 '아빠는 노트 선생님'이라는 별칭이 붙게 되었습니다.

그런데 놀랍게도 '아빠는 노트 선생님'이라는 메모 습관은 이 프로젝트의 모티브가 되었습니다. 이 한 가지 습관이 3개월 뒤에는 3개의 습관으로 늘어났고, 4개월 뒤에는 6개의 습관으로 불어났습니다. 딸은 지금까지 포기하지 않고 이 습관들을 실천해오고 있습니다.

습관 가족의 탄생

'아이 습관 만들기 프로젝트'란 딸이 선택한 6가지 습관을 하루에 하나씩 6일 동안(월요일부터 토요일까지), 아이 스스로 언제, 어떤 습관을 하루 중 몇 시에 실천할 것인지 계획을 세우고, 매일 습관을 실천한 다음 성공 여부를 습관 계획표에 기록(O, X 표시)하고, 그 결과에 따라

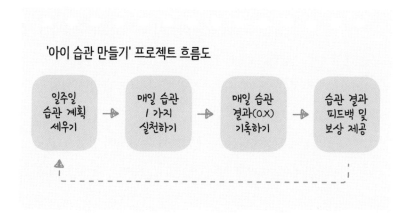

'아이 습관 만들기' 프로젝트 흐름도

일주일 습관 계획 세우기 → 매일 습관 1 가지 실천하기 → 매일 습관 결과(O,X) 기록하기 → 습관 결과 피드백 및 보상 제공

부모가 피드백과 보상을 제공하는 프로젝트입니다.

큰딸이 시작한 습관 지키기는 곧 작은딸(여섯 살)에게도 자연스럽게 스며들었습니다. 작은딸도 언니를 따라서 책을 읽고, 유치원에 가기 전에 스스로 옷을 갈아입고, 신발장을 정리하는 습관을 실천하고 있습니다. 또한 딸들이 습관을 실천하는 모습을 옆에서 지켜보던 아내도 영어 공부와 계단 오르기 습관을 정하고 시작했습니다. 저의 습관이 큰딸에게 전파되었고 그것이 다시 작은딸과 아내에게 퍼져나갔습니다. 그렇게 '습관 가족'이 탄생하게 되었습니다.

크리스가 수영을 할 수 있었던 이유

『설득의 심리학』의 저자이며 심리학 교수인 로버트 치알디니(Robert Cialdini)의 아들 크리스는 다섯 살 때 튜브가 없으면 절대 수영장에 들어가지 않았습니다. 키 180cm의 구조요원이기도 한 수영강사에게 지도를 부탁했지만, 튜브 없이 수영하도록 만드는 데는 실패했습니다.

그런데 어느 날, 치알디니 교수는 아들이 튜브 없이 수영하는 걸 보고는 깜짝 놀라 외쳤습니다.

"크리스, 너 수영할 줄 아는구나! 정말 대단한데! 그런데 어떻게 튜브를 끼지 않고 수영할 수 있게 되었니?"

그러자 크리스는 이상하다는 듯이 아빠를 쳐다보며 말했습니다.

"난 다섯 살이에요. 토미도 다섯 살이고요. 토미는 튜브 없이도 수영을 할 줄 알아요. 그러니까 나도 못할 이유가 없지요."

이렇게 우리는 비슷한 사람의 행동을 바탕으로 자신이 해야 할 적절한 행동을 결정하곤 합니다. 이를 '유사성(Similarity)의 조건'이라고 합니다. 크리스는 큰 키의 수영강사에게서는 유사성을 찾을 수 없었지만, 자신과 동갑인 친구가 튜브 없이 수영하는 것을 보고는 거침없이 튜브를 벗어던졌던 것입니다.

한마디로 요약하면, 이 책은 제 딸이 2년 동안 실천해온 '아이 습관 만들기 프로젝트'의 기록입니다. 그동안 딸의 좌절, 실패, 그리고 성공과 변화의 과정이 고스란히 담겨 있습니다.

여러분의 자녀도 제 딸아이가 어떻게 습관 만들기에 성공했는지, 그리고 습관을 실천하면서 어떤 점이 달라졌는지 자세한 이야기를 듣다 보면 크리스가 친구의 수영 모습을 보고 튜브를 벗어던졌듯이, '아이 습관 만들기 프로젝트'를 시작하려는 용기를 갖게 될 것입니다.

실례로 딸이 책을 읽고 모르는 단어를 '아빠는 노트 선생님'(단어장)에 옮겨 적는 과정을 촬영하여 유튜브(YouTube)에 올렸는데, 그 영상을 본 분들의 자녀들도 줄넘기 10회, 관찰일기 쓰기, 책읽기 등 각자 습관을 정하고 실천하기 시작했습니다.

처음은 하루 10분, 습관 1개로도 충분하다

처음부터 너무 거창하게 아이의 습관 계획을 세울 필요는 없습니다. 처음에는 하루 10분, 습관 1개로 시작해도 충분합니다. 가볍게 출발해야 합니다. 아이도 하루에 10분 정도만 할애하여 충분히 실천할 수 있을 만큼 쉬운 것으로 정해 시작해야 오래 지속할 수 있습니다. 그래야만 부모도 아이의 습관을 살펴보고 관리하는 데 부담을 갖지 않고 함께할 수 있습니다.

습관 만들기는 긴 여행입니다. 아주 작더라도 좋은 행동을 매일 반복하고 지속해야만 좋은 습관을 가진 청소년, 성인으로 성장할 수 있습니다. 부모의 욕심이 가득 찬 무거운 가방은 습관이라는 긴 여행에 적합하지 않습니다.

우리 아이 습관, 어디서부터 어떻게 시작할까?

자녀 교육에는 정답이 없습니다. 다만 여러 가지 방법이 있을 뿐이지요. 아이의 성격, 가정환경, 부모의 가치관, 종교 등 가정마다 다양한 차이가 있기 때문입니다.

따라서 저와 딸 은율이가 2년 넘는 기간 동안 경험한 시행착오와 성장의 이야기를 정답이 아닌 참고서로 활용한다면, 여러분의 자녀에게 가장 가까운 정답을 찾는 데 도움이 될 것이라 생각합니다. 왜냐하면 좋은 습관이 필요하다는 것은 잘 알고 있지만, 어디서부터 무엇을 어떻게 시작해야 할지 구체적인 방법을 몰라 자녀의 인생을 제대로 이끌어주지 못하고 안타까워하는 부모들을 많이 봐왔기 때문입니다.

"초등학교 3학년인데 집중력이 약하고 산만해요."
"초등학교 5학년인데 아침마다 난리예요. 공부습관도 안 붙었고요."

"중1 딸이 자기 방을 얼마나 안 치우는지 복장 터져요."
"아이가 고등학교 1학년이에요. 요즘은 수시 비중이 너무 높기에 내
신관리가 중요한데요. 그러려면 수행평가도 꼼꼼히 잘해야 하는데
맨날 까먹기 일쑤예요."
"아이가 감사하는 마음이 없어요. 아무래도 잘못 키운 것 같아요."

   선배 부모들의 이런 하소연, 이른 나이에 좋은 습관을 만들면 안할
수 있습니다. 습관 형성에서 제일 중요한 것은 '핵심습관'을 잡아 제대
로 실천하는 것입니다. 그러면 다른 습관들도 잘 자리를 잡게 됩니다.
이를테면 아이의 핵심습관을 독서로 정한다면, 독서를 통해 생활예절
을 배우고 부모나 친구와 관계를 설정하는 법을 익히며, 독서 후에는
책을 책장에 꽂으며 정리 습관을 들입니다. 또 꾸준한 독서습관은 독
서록, 감사일기, 일기 등 쓰기습관을 가져오며, 쓰기습관은 다시 공부
습관을 불러옵니다.
   이 책을 통해 지난 2년이 넘는 기간 동안 우리 아이들이 습관을 만
들며 변화한 기록, 그리고 우리 가족의 변화를 공개하고자 합니다. 한
발 더 나아가, 우리 가족이 습관 가족으로 탈바꿈하였듯이, 부모의 좋
은 습관이 아이들에게 퍼져나감으로써 더 많은 '습관 가족'이 탄생할
수 있도록 하는 데 이 책이 작은 도움이 되었으면 합니다.

2018년 11월

이범용

차례

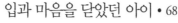

"출발하기 위해 위대해질 필요는 없지만,
위대해지려면 출발부터 해야 한다."

———

레스 브라운

Part

습관 가족의 탄생

작은 습관의 힘

어린 시절부터 시작하는 습관 만들기

"엄마. 나 피아노 학원 그만둘래요. 재미없어요."

"아빠. 독서록 쓰는 습관 그만두면 안 돼요? 힘들어요."

큰딸 은율이는 불과 2년 전까지만 해도 이처럼 무언가 시작한 일을 지속하는 것을 매우 어려워했습니다. 비단 은율이뿐만 아니라 보통의 아이들은 끈기가 없지요.

〈자고 일어나면 이불 정리하기〉, 〈가지고 놀던 장난감 정리하기〉, 〈숙제하기〉 등의 기본적이고 일상적인 일들이라 해도 꾸준히 지속하는 것이 쉽지 않습니다. 이제 막 초등학교 1학년이 된 아이가 40분 수업시간 동안 꼼짝도 하지 않고 선생님 말씀에 집중하는 것만큼이나 어렵고 지루한 일이기 때문입니다.

하지만 딸아이는 좋은 습관을 가지기로 결심한 이후 지금까지 2년 동안 포기하지 않고 매일 습관을 실천해오고 있습니다.

무엇보다 매일 자신이 약속한 일을 완수했다는 성취감을 경험하며 자기 신뢰를 쌓아가고 있으며, 자기 스스로 습관을 계획하고, 시간을 관리하고, 습관 결과를 기록하는 자기주도적인 아이로 성장해가고 있습니다. 이러한 어린 시절의 성공 경험과 자기 신뢰는 아이가 중고등학생으로 성장해가면서 자기주도적으로 평생 공부하는 기초를 쌓을 수 있고, 삶 속에서 맞이하는 수많은 도전과제를 슬기롭게 헤쳐나갈 자양분이 될 것입니다.

아이에게 좋은 습관을 어떻게 만들어줄까?

그렇다면 우리 아이들이 좋은 습관을 가지려면 어떻게 해야 할까요? 그 답은 의외로 아주 간단합니다.

우선 성공한 사람들은 어린 시절 어떤 습관을 실천했는지 살펴볼까요? 왜냐하면 그 속에 결정적인 힌트가 숨어 있기 때문입니다.

괴테의 어머니 카타리나는 그가 세 살이 되자 밤마다 동화를 읽어주었는데, 마지막 부분은 들려주지 않고 아이가 완성하도록 했다고 합니다. 그래서 괴테는 스스로 이야기를 지어내면서 상상하고 추리하고 창작하는 습관을 들이게 되었습니다.

"오늘날의 나를 있게 한 것은 우리 동네 작은 도서관이었다. 하버드대학 졸업장보다 소중한 것이 독서습관이다"라고 말했던 빌 게이츠는 어린 시절부터 독서가 생활화된 가정에서 자랐습니다. 그의 아버지는 평상시에 아이들에게 큰 소리로 책을 읽어주고, 모르는 단어가 있으면 식사 중에도 서재에서 사전을 찾아 그 뜻을 알려주었다고 합니다. 또한 아이들을 도서관에 자주 데려갔고, TV를 보는 대신 함께 독서토론을 하면서 자연스럽게 사고력을 기르도록 도와주었습니다. 후에 빌 게이츠는 자신의 성공이 어린 시절의 독서 덕분이라고 말하며, 평일에는 최소한 매일 1시간, 주말에는 3~4시간 독서 시간을 가지려 노력한다고 밝혔습니다.

석유왕으로 불리는 존 데이비슨 록펠러의 아버지도 록펠러가 어렸을 때 〈용돈 기입장을 쓰는 습관〉을 갖게 도와주었습니다. 록펠러는 용돈 기입장을 쓰면서 자연스럽게 돈을 계획하여 쓰게 되었고, 남은 돈을 저축하는 습관까지 갖게 되었습니다.

이처럼 성공한 사람들의 부모는 좋은 습관을 먼저 실천하고, 그 모습을 아이들에게 보여주며 지도했음을 알 수 있습니다. 부모의 영향을 받을 수밖에 없는 아이들은 부모의 습관까지도 그대로 따라 하는 경우가 많기 때문입니다.

제 딸 은율이도 예외는 아니었습니다. 아빠인 저의 메모 습관을 옆에서 지켜보다가 따라 하기 시작했고, 은율이의 습관이 작은딸과 아내에게도 퍼져나갔습니다.

습관 가족이 된 계기

머리말에서도 말했듯, 우리 가족이 습관 가족으로 거듭난 결정적인 계기가 있습니다. 아이 습관 만들기 프로젝트를 시작한 지 1년쯤 지난 어느 일요일 아침이었습니다. 은율이가 책상에 앉아 책을 읽고 있었습니다. 당시 여섯 살 된 작은딸이 평소처럼 같이 놀 생각으로 언니의 공부방 문을 열고 들어가더니, 책을 읽고 있는 언니의 모습을 보고 말했습니다. "언니 뭐해? 책 읽어?" 그러더니 작은딸도 이내 책을 꺼내 자기 책상에 앉아 언니처럼 책을 읽기 시작했습니다.

이렇게 아빠와 아이들이 책읽기 습관을 들이자 그 영향이 다른 가족에게까지 이어졌습니다. 외국계 회사에 다니는 아내도 남편과 딸들이 아침부터 책 읽는 습관을 실천하는 모습을 지켜보다가 자극을 받고, 그동안 미루던 영어회화 공부와 계단 오르기 습관을 실천하기로 결심하고, 습관 가족의 일원으로 동참하게 되었습니다.

이처럼 아빠의 습관이 큰딸에게, 큰딸의 습관이 작은딸과 엄마에게 물결처럼 조금씩 퍼져나가게 된 것입니다. 그래서 가족 모두가 좋은 습관을 실천하려 애쓰는 '습관 가족'이 탄생하게 되었습니다. 부모가 먼저 좋은 습관을 실천하고 아이의 습관을 올바르게 지도해주면, 자연스럽게 다른 습관 가족들도 많이 탄생할 것이라 믿습니다.

아이 습관은
'습관 쪼개기'부터

사실 아이가 습관을 만들어가는 과정은 막연히 생각하듯 그렇게 어렵지만은 않습니다. 어쩌면 너무 쉬워서 '에이~ 정말 이 정도로 아이가 좋은 습관을 형성할 수 있을까?'라고 의구심이 들 정도니까요.

은율이가 2년 넘게 습관을 지속할 수 있었던 비밀은 바로 습관 목표를 아주 작게 잡았기 때문입니다.

습관을 쪼개는 이유

습관을 쪼개어 목표를 작게 설정하는 이유는 크게 2가지입니다.

첫째, 시작이 쉬워야 하기 때문입니다. 아이들은 성인에 비해 생각을 행동으로 옮기는 것이 더 어렵습니다.

'시작이 반이다'라는 말이 있지요. 어떤 일을 이제 막 시작했을 뿐인데 이미 목표의 반을 달성한 것이라니, 놀라운 말입니다. 즉, 새로운 일을 시작하는 것은 그만큼 힘듭니다. 따라서 일단 쉽게 시작할 수 있도록 목표를 작게 설정해야 합니다. 미국의 동기부여 전문가 레스 브라운(Les Brown)은 이런 말까지 했습니다. "출발하기 위해 위대해질 필요는 없지만, 위대해지려면 출발부터 해야 한다"라고요.

둘째, 습관을 쪼개는 또 다른 이유는 꾸준히 실천해야 하기 때문입니다. 앞서 시작이 반이라고 했는데, 그렇다면 나머지 반은 무엇일까요? 나머지 반은 바로 꾸준함입니다. 아무리 좋은 습관 목록을 정하고 시작하더라도, 중도에 포기하고 만다면 모래 위에 성을 쌓는 것처럼 헛수고가 되고 말 것입니다. 너무 크고 어려운 목표를 잡으면 꾸준히 실천할 수 없으므로 간단한 습관을 목표로 잡는 것이 좋습니다.

사례 우리 가족의 작은 습관 만들기 — 습관 1개가 6개로 성장

저와 큰딸 은율이의 경우는 어땠을까요?

2016년 5월 6일, 저와 은율이도 처음엔 일주일에 '아빠는 노트 선생님'이라는 습관 하나로 시작했고, 이것이 3개월 정도 지난 그해 8월에는 일주일에 3가지 습관을 지키는 것으로 발전했습니다. 그리고 습관 지키기를 시작하고 약 4개월 정도 지난 그해 9월부터는 일주일에 습관 6개로 늘려서 현재까지 실천해오고 있습니다. 즉 월요일부터 토요일까지 매일 1개의 습관, 일주일 동안 총 6개의 습관을 실천하게 되었습니다.

　일주일에 습관을 6개로 늘린 특별한 계기가 있습니다. 추석 연휴 기간에 은율이가 형광등을 만지다가 실수로 떨어뜨려서 발가락을 꿰매야 할 정도의 심각한 부상을 당했습니다. 저는 당연히 며칠 쉬자고 말했지만, 아이는 습관은 자신과의 약속이기 때문에 포기하고 싶지 않다고 했습니다. 이 말을 듣고 아이가 습관 실천에 흥미를 느끼고 책임감과 자기주도 능력이 생겼다고 판단했고, 아이와 협의하여 습관을 일주일에 6개로 늘렸습니다. 습관을 실천하기 시작한 지 4개월이 지난 때였지요.

하루 10분이면 된다

아이가 습관을 포기하지 않고 오랫동안 지속하게 하려면 초기에는 목표를 작게 잡아야 합니다. 시작하기 쉽고 짧은 시간 안에 완료할 수 있어야 지치지 않습니다. 하루에 10분만 투자해도 할 수 있어야 뇌의 거부감을 최소화할 수 있습니다.

　특히 스스로 계획하고 실천하는 경험이 부족한 아이의 경우 처음의 목표를 더욱 쉽게 잡아야 합니다. 하루 10분이면 충분할 정도로요. 부모도 하루 10분 정도만 투자해도 되므로 잔소리하느라 지치지 않고 꾸준히 아이의 습관을 확인하고 관리할 수 있습니다. 따라서 제 아이처럼 처음엔 일주일에 습관 하나로 시작해도 충분합니다. 가볍게 시작해야 오래 지속할 수 있습니다.

부모는 습관 프로젝트의
총괄 매니저

이제 '아이 습관 만들기 프로젝트'를 시작할 만반의 준비가 끝났습니다. 이제부터는 아이가 실제로 습관을 실행하기만 하면 됩니다. 이때 부모의 역할이 아주 중요합니다. 왜냐하면 아이들 대부분은 습관을 실천해본 경험이 거의 없기 때문입니다.

총괄 매니저인 부모의 역할 4가지

그렇다면 부모는 어떤 역할을 해야 할까요? 초기에는 부모가 아이와 함께 계획을 세우고, 그 계획대로 습관을 실천하도록 알려주고, 주기적으로 결과를 점검해주는 총괄 매니저 역할을 해주어야 합니다.

　이 역할만큼은 학원 선생님이나 학교 선생님이 대신해줄 수 없습니다. 오직 부모만이 할 수 있는 일입니다. 부모가 아닌 다른 이들은 아이와 하루 종일 함께 생활할 수 없기 때문에 습관 실천에서 중요한 역할을 하는 시간관리, 그리고 적절한 외적 보상을 제공하는 데에도 한계가 있습니다. 예를 들어 외적 보상의 한 방법인 부모의 칭찬도, 아이가 칭찬받을 행동을 한 순간부터 60초가 넘으면 효과가 없습니다.

아이들은 지금 이 순간을 느끼며 살아가기 때문에 '나중에'라는 미래의 개념은 의미가 없습니다. 따라서 즉각적인 칭찬을 아이에게 전달할 수 있는 사람은 부모밖에 없습니다. 그러므로 시간과 공간의 제약에서 자유로운 부모만이 아이 습관 만들기 프로젝트의 최적임자라고 할 수 있습니다.

부모가 총괄 매니저의 역할을 훌륭히 소화해내기 위해 반드시 알아야 할 4가지 사실이 있습니다.

첫째, 부모가 먼저 좋은 습관을 실천해야 합니다.

둘째, 부모는 꾸준히 아이의 습관을 관리해주어야 합니다.

셋째, 부모는 아이에게 적절한 보상을 제공해주어야 합니다.

넷째, 엄마뿐 아니라 아빠의 적극적인 동참이 필요합니다.

부모가 먼저 좋은 습관을 실천해야 하는 이유

부모가 먼저 좋은 습관을 형성하고 모범이 되어야 합니다. 윗물이 맑아야 아랫물도 맑은 법입니다. 아이는 절대 혼자 저절로 변하지 않습니다. 말을 우물가에 끌고 갈 수는 있지만 억지로 물을 먹일 수는 없는 것처럼, 부모가 나쁜 습관에 중독되어 있으면서 아이에게 좋은 습관을 실천하라고 강요하면 반발심만 키울 뿐 변하는 것은 아무것도 없습니다.

만약 총괄 매니저인 엄마아빠가 자신은 TV나 휴대폰에 정신이 팔려 있으면서 아이에게만 책을 읽으라고 강요한다면, 아이는 당연히 "엄마아빠는 휴대폰만 하면서 왜 나한테만 책을 읽으라고 해요?"라며 억울해할 것입니다. 따라서 부모가 아이를 지도하려면 먼저 총괄 매니저의 자격을 인정받아야 합니다. 그렇다고 그 자격을 얻는 것이 그렇게 어려운 일은 아닙니다. 다음에 소개하는 아빠와 엄마의 습관 실천 이야기를 읽고 나면 공감할 수 있을 것입니다.

좋은 습관을 실천한
가족 이야기 1

− 아빠가 먼저 좋은 습관을 시작한 사례

사례 놀아달라는 아이들을 외면했던 아빠

저는 2016년 2월부터 지금까지 2년 6개월이 넘게 매일 스스로 정한 습관을 실천해오면서 많은 변화를 경험했습니다. 그런데 그 이전에는 무심한 아빠였습니다. 회사라는 조직생활 속에서 월급에 대한 대가로 짊어져야 할 업무적 스트레스와 상사와의 갈등은 어깨를 짓눌렀고, 극심한 스트레스를 풀기 위해 술과 담배, 그리고 인터넷 게임에 빠져 하루를 탕진하며 살았습니다. 퇴근 후에 놀아달라는 아이들에게는 "아빠 피곤하니까 귀찮게 좀 하지 마"라고 버럭 소리를 지른 날도 있었고, 주말에는 TV 보고 잠만 자느라 3년 동안 읽은 책이 단 한 권도 없었을 정도였습니다.

그렇게 게으름과 나태함, 무기력과 자포자기의 삶을 살아가던

2016년 1월 어느 날, 저의 망가져가는 모습을 더 이상 참지 못한 아내는 한마디 상의도 없이 몰래 '하루 관리'라는 7주짜리 교육 프로그램을 신청했고, 저는 울며 겨자 먹기로 그 프로그램에 참가하게 되었습니다.

울며 겨자 먹기로 시작한 '하루 관리' 프로그램

'하루 관리' 프로그램은 매주 선정도서 1권을 읽고 다른 참가자들과 토론하는 모임이었습니다. 그런데 프로그램에 참가한 지 4주째, 운명처럼 1권의 책을 만났습니다. 4주차 선정도서는 바로 스티븐 기즈의 『습관의 재발견』이란 책이었습니다. 그 책을 읽고 난 뒤 제 삶은 방향이 180도 바뀌게 되었습니다.

하루 관리 프로그램에 참가한 12명은『습관의 재발견』이란 책을 읽고 작은 습관을 함께 실천하게 되었습니다. 제 역할은 모임의 리더로서, 매일 참가자들의 습관 실천 결과를 카카오톡으로 받아 축적하는 것이었습니다.

초기의 역할은 극히 제한적이었습니다. 그러나 1주, 2주 결과가 쌓이면서, 누가 시키지 않았지만 혼자서 통계 분석을 해보게 되었습니다. 그리고 매월 보고서를 작성하여 참가자들과 공유했는데 반응이 뜨거웠습니다. 이후 습관과 관련된 다른 책들을 읽기 시작했고, 전문가들의 실천 방법이나 습관에 관한 견해를 매월 참가자들과 공유하는 보고서에 추가했습니다. 또한 보고서 공유 이후 오프라인 모임을 주관하였고, 그 모임에서 왜 요즘 습관을 지키는 데 실패하는지, 또는 어떻게 성공했는지 등 다양한 각자의 경험을 발표하고 성공률을 높이기 위한 방법을 함께 고민했습니다.

약 1년 2개월이 지난 2017년 7월, 1기부터 3기까지 대한민국 보통 사람들과 함께 '작은 습관 실천 프로그램'을 진행하며 겪은 실패와 좌절, 성공 경험을 바탕으로 『습관홈트』라는 책을 출간하게 되었습니다. 이 책을 출간한 이후에 엑셀로 월간 보고서를 작성해오던 기존 방식을 대체하기 위하여 웹 기반 시스템인 습관홈트 일일 관리 시스템을 개발하였고, 2018년 1월 1일 정식 오픈하였습니다.

이제는 이 시스템을 통해서 24시간 언제든 실시간으로 습관 참가

은율 아빠의 습관 목록

습관 목록	소요시간	Why this habit	대체 습관
1. 글쓰기 2줄	5분	연간 목표 달성에 기여	
2. 책 읽기 2쪽	4분	글쓰기 소재 찾기	
3. 팔굽혀펴기 5회	5초	체력 단련	
합계	9분 5초	내 삶의 변화	

작은 습관 실천 프로그램
작은 습관 실천 프로그램의 핵심은 매일하기에 부담 없는 사소한 습관을 뽑아서 실행하는 것입니다. 위는 2016년 당시 제가 실행했던 작은 습관 목록입니다. 작은 습관 3개를 뽑아, 하루 10분에 할 수 있게 실천했습니다.

자 본인의 습관 성공률을 직접 확인할 수 있게 되었습니다. 기존에 엑셀로 습관 데이터를 관리할 때는 월간 보고서가 완성되는 다음 달 초가 되어야 한 달의 기록들을 확인할 수 있었습니다. 하지만 이 시스템의 개발로 더 이상 기다리지 않고 실시간으로 참가자 개인의 데이터를 확인할 수 있게 되었지요. 또한 '작은 습관 실천 프로그램'이라는 명칭도 '습관홈트'라고 변경하였고, 2018년 1월 1일부터 습관홈트 1기를 시작한 이후 매달 새로운 기수를 모집하여 함께 습관을 실천해오고 있습니다. 참고로 지금까지 습관홈트 프로그램은 무료로 진행되고 있습니다.

습관홈트 일일 관리 시스템

아빠의 변화 – 금연, 메모 습관, 자기계발

약 2년 넘게 습관을 실천해오면서 제게도 많은 변화가 일어났습니다. 25년 동안 피우던 담배를 끊고 금연에 성공한 것도 변화 중 하나입니다. 또한 저의 롤 모델이자 『습관의 재발견』의 저자인 스티븐 기즈와 이메일로 소통하며 습관 실천에 대한 값진 코칭을 받기도 했습니다. 『습관홈트』 책 출간 이후에는 라디오 방송 출연, 강연과 신문 칼럼 기고 등을 통해 더 많은 사람들에게 습관의 중요성을 전파하고 있습니다. 그뿐만 아니라 습관 실천을 통한 제 삶의 변화(금연, 메모 습관, 자기계발 등)가 직장 동료들에게 긍정적 영향을 주었기에 회사에서도 '이 달의 칭찬 사원'으로 선정되는 기쁨을 누렸고, 사내 금연 홍보 영상도 촬영하게 되었습니다.

무엇보다도 앞에서도 말했듯, 좋은 습관이 저에게만 머무르지 않고 주변으로 퍼져나가기 시작했습니다. 그 결과 큰딸이 제 습관을 따라 하기 시작했고, 큰딸의 습관은 다시 작은딸에게 이어졌습니다. 작은딸은 요즘 〈신발 정리〉, 〈엄마 심부름하기〉, 〈장난감 치우기〉 등 좋은 행동을 했을 경우 보상으로 도장을 받고, 그 도장이 70개 모이면 갖고 싶은 물건을 사거나 저축하는 습관을 형성해가고 있습니다. 아빠가 변하니 딸들도 덩달아 변하기 시작한 것입니다.

좋은 습관을 실천한
가족 이야기 2

– 엄마 유지영 씨의 가족 이야기

사례 **엄마의 '제자리뛰기 5회' 습관이 가져온 놀라운 변화**

제가 운영하는 습관홈트 프로그램에 참여 중인 유지영 씨도 엄마의
습관이 두 아들(초등학교 4학년 김나일 어린이, 2학년 김찬일 어린이)에게
영향을 미쳐서, 함께 게임하듯이 즐겁게 습관을 실천하고 있습니다.

다음의 표는 유지영 씨의 습관 목록입니다. 그녀의 개인적인 꿈 중
하나는 바로 건강한 신체를 만드는 것입니다. 그래서 습관 목록 3가
지 중 하나를 제자리뛰기 5회로 정하여 매일 실천하고 있습니다. 3가
지 습관을 실천하는 데 겨우 1분 15초밖에 걸리지 않는, 가벼운 습관
들입니다.

유지영 씨의 이야기를 자세히 들어볼까요?

"제 습관 중 하나는 제자리뛰기 5회입니다. 하루의 걸음 수를 늘리

유지영 씨의 습관 목록

습관 목록	소요시간	Why this habit	대체습관
1. 팝송 출력	1분	즐거운 영어공부	
2. 제자리뛰기 5회	5초	만보기 걸음 수 증량	
3. 1가지 버리기	10초	미니멀 라이프	
합계	1분 15초		

고 꾸준히 하기 위해서예요. 또 스마트워치를 착용하고 걷고 있는데, 하루 일과를 마치고 저녁에 얼마나 걸었는지 걸음 수를 확인하는 것이 큰 즐거움이 되었어요."

제자리뛰기 5회는 5초 정도 걸릴까요? 그런데 유지영 씨는 이 작은 습관이 가져온 변화를 다음과 같이 이야기합니다.

"제자리뛰기 5회는 아주 작은 목표치이고 시간도 순식간에 지나가요. 하지만 제자리뛰기 5회를 하고 스마트워치를 확인하다 보면 '어제는 자투리 시간을 활용해서 850걸음을 달성했으니 오늘은 1천 걸음까지 달성해보자'라고 다짐하게 되곤 해요. 그러다 보니 자투리 시간을 활용한 효율적인 운동습관까지 형성되었지요. 무엇보다 이 핵심습관을 중심으로 다른 습관도 빼먹지 않고 지속할 수 있는 힘이 생겼어요."

아이들과 '제자리뛰기 5회' 습관을 시작한 이유

유지영 씨는 자신의 습관을 아이들에게 적용하기 시작했습니다.

"제자리뛰기 5회 습관을 하면서 이렇게 효율적인 운동습관을 아이들에게도 알려주고 싶었어요. 함께 해보자고 권유했는데 다행히 기꺼이 동참해주었고요."

그녀는 아이들이 이 습관을 가지게 하기 위해 어떻게 했을까요?

"처음에는 하루의 걸음 수를 기록하기 위해서 큰아이에게만 키즈폰을 사주고 같이 했어요. 큰아이가 평소에 활동적이지 않은 편이라서, 작은 움직임인 제자리뛰기 5회를 통해 점차 운동을 좋아하게 되었으면 하는 마음에서 먼저 권유한 거예요. 그런데 운동도 좋아하고 욕심도 많은 작은아이가 같이 하고 싶다고 졸라서 동참하게 되었지요."

한 달이 지나자, 아이들은 보통 하루에 1만 걸음 이상 기록하고, 휴일에 나들이를 하면 2만 걸음까지도 기록하게 되었다고 합니다. 그녀는 습관을 유지하기 위해 어떤 보상을 주고 있을까요?

"제 스마트워치와 아이들 키즈폰에 있는 만보기로 측정된 걸음 수를 매일 기록하고 있어요. 그때 인정과 칭찬을 많이 해줍니다. 사실 매일 기록하고 그것을 확인하는 것만으로도 뿌듯해져서 아이들이 자기 신뢰를 가지게 되지요. 외적 보상도 해주는데, 월말이면 그달의 걸음 수를 합산해서 1등, 2등, 3등을 선정하고 시상식과 1만원 이하의 포상금을 주고 있습니다."

습관 1개가 습관 3개로

유지영 씨의 아이들은 현재 어떤 습관을 어떻게 실천하고 있을까요?

"습관홈트 프로그램을 시작하면서 나 자신의 변화에 그치지 말고 아이들에게 좋은 습관을 만들어줘야겠다고 생각했어요. 그래서 지금까지 아이들의 3가지 습관을 관리해 왔어요. 〈매일 걸음 수 확인하고 기록하기〉, 〈이불 개기〉, 〈수학문제 2장 풀기〉로 동기를 부여하고 성취의 기쁨을 맛보게 해주고 있어요.

요즘 초등학생들은 공부할 것도 참 많아서 학습목표에 담고 싶은 것이 많았어요. 하지만 습관홈트 프로그램을 통해 꾸준함을 유지하려면 작은 단위부터 시작해야 한다는 것을 알고 있었기에 목표를 만만하게 잡고 꼭 지키도록 격려했지요. 덕분에 아이들도 3가지 습관을

유지영 씨 아이들의 습관 목록

습관목록	소요시간	Why this habit	대체습관
1. 매일 걸음 수 확인&기록	1분	활동적 아이, 자존감	
2. 이불 개기	1분	정리정돈 습관	
3. 수학문제 2장	8분	수학 실력	
합계	10분		

어렵지 않게 지켜가고 있습니다."

유지영 씨 아이들의 변화 — 자존감, 자기주도적 아이

그렇다면 '아이 습관 만들기 프로젝트'는 유지영 씨의 아이들에게 어떤 변화를 가져왔을까요?

"큰아이의 경우 움직임이 많지 않고 비활동적이던 아이였는데 활동적인 아이로 성장해가고 있습니다. 승부욕이 강한 둘째는 자신이 얼마만큼 많이 걷는가를 매일 확인하고 기록하는데, 그 기록을 볼 때마다 자신이 참 대단하다고 느끼는 계기가 되는 모양이에요. 한마디로 자존감이 무척 향상된 거죠."

또한 그녀는 다음과 같이 아이들의 변화를 소개합니다.

"요즘 저는 아이들이 자기주도적 생활태도를 형성해가는 것을 보는 것이 참 기쁩니다. 최근에는 글쓰기 습관을 만들기 위해 일기를 쓰지 않는 날에는 〈4가지 간단 쓰기〉를 하고 있어요. '오늘의 중요한 일', '오늘 잘못한 일', '오늘 잘한 일', '내일 할 일'이 그것입니다. 아이는 '내일 할 일'에 빠짐없이 얼마만큼 걷겠다는 목표치를 적어놓아요. 아이에게 내일 하고 싶은 분명한 계획이 생겨서 참 좋습니다."

유지영 씨 가족의 이야기에서 알 수 있듯이, 아이에게 최고의 선생님은 부모입니다. 따라서 부모가 먼저 좋은 습관을 실천하는 것이 '아이 습관 만들기 프로젝트'의 첫 단추입니다.

부모의 하루 10분, 아이 습관 관리법

부모의 피드백이 필요한 이유

부모가 아이 습관 만들기 프로젝트의 총괄 매니저가 되기 위해서는 꾸준히 관리를 해주어야 합니다. 그런데 여기에서 관리의 의미를 오해하지 말아야 합니다. 부모가 아이의 습관 결과를 확인하고 관리하는 것은 통제나 감시를 하기 위해서가 아닙니다. 부모의 확인과 관리가 필요한 중요한 이유가 2가지 있습니다.

인정 욕구 채워주기

아이들은 자신의 모든 행동에 대하여 인정받고 싶어 합니다. 친구와 놀고 싶고, 온라인 게임을 하고 싶거나 졸려서 자고 싶은 욕구를 뿌리치고 스스로 세운 습관 계획표대로 실천했는데, 아무도 알아주지 않고 무관심하다면 낙담하여 습관을 계속할 이유를 찾지 못하게 됩니다. 따라서 부모는 매일 아이가 열심히 하고 있다는 것을 인정하고 칭찬해주기 위해서 습관을 잘 실천했는지 확인과 관리를 해야 합니다. 이렇게 부모의 관심과 인정이 이어지면 아이는 성취감을 느끼고 습관을 계속 실천해나갈 수 있습니다.

습관 방해 요소, 계획의 현실성 파악하기

부모의 피드백은 아이의 습관을 방해하는 요소가 무엇인지, 또는 계획이 너무 비현실적이지는 않은지 빨리 발견하여 해결해주기 위해서도 필요합니다. 아이가 습관 실천 시간을 잠들기 전인 오후 9시로 계획해 놓았다고 가정해봅시다. 이런 경우 대부분 실패할 확률이 높습니다. 아이들은 습관을 실천하는 것보다 당장 눈앞에 보이는 즐거움이 우선입니다. 친구들과 놀이터에서 놀고 싶고 동생과 장난치고 싶고 TV를 보고 싶은 욕망이 강하기 때문에 귀찮은 일은 최대한 뒤로 미루려는 경향이 있습니다.

이럴 때는 부모가 아이의 실천을 방해하는 요소가 습관 계획을 너무 늦은 시간으로 잡아놓았기 때문이라는 사실을 파악하고, 아이와 하루 일과를 점검하고 대화하면서 습관 시간을 조정해주어야 합니다. 또한 아이가 정한 목표가 '새로운 한자 10개 쓰기'라면, 하루에 한자 10개를 쓰는 것이 너무 많은 것은 아닌지 점검해보고 줄여주는 것이 좋습니다. 아이의 수준보다 과도하게 습관 목표를 잡으면 자칫 흥미를 잃게 될 수도 있기 때문입니다.

부모의 지속적 관리가 부족할 때

그렇다면 부모의 확인과 관리는 얼마나 자주 필요할까요? 많은 부모가 내 아이는 아무런 간섭 없이도 스스로 알아서 공부도 척척 잘하고, 준비물도 잘 챙기고, 방 정리도 잘하길 바랄 것입니다. 하지만 안타깝게도 아이들은 어렵게 시작한 일을 오래 지속하지 못하고 결국 실패하는 경우가 많습니다. 그 이유는 바로 초기에 부모의 지속적인 관리가 부족했기 때문입니다.

　대부분의 부모는 바쁜 일상 속에서 정신없이 하루를 사느라 매일 아이의 습관을 챙겨주고 피드백을 해줄 수 없는 실정입니다. 그러다 보니 어느 날 몰아서 습관을 실천했는지 검사하고, 결과에 점수만 매기는 실수를 반복하곤 합니다. 하지만 아이들은 아직 스스로 계획하고 실천하는 근육이 만들어지지 않았기 때문에, 반드시 규칙적으로 매일 꾸준히 습관을 관리해주어야 합니다. 그렇게 해도 좋은 습관을 들이는 데에는 오랜 시간이 걸립니다. 따라서 아이를 잘 돌보고 있지 않다는 죄책감에 가끔 날을 잡아서 한꺼번에 점검하는 정도의 노력으로는 습관의 기초가 다져지지 않습니다.

사례 부모가 하루에 10분만 투자하면 된다

사실 부모가 매일 아이의 습관을 확인하고 관리하는 것이 그렇게 시간이 오래 걸리거나 어려운 일은 아닙니다.

초기에는 아이가 새로운 습관에 적응하도록 자세히 설명하고 확인하느라 어느 정도 시간이 걸릴 수도 있습니다. 하지만 몇 개월 정도 지나면 하루 10분 정도만 투자해도 충분히 아이의 습관을 관리해줄 수 있게 됩니다.

초기 3개월 부모의 특별한 관리

은율이의 경우 처음 습관을 만들기 위해 약 3개월 정도까지는 제가 하루 평균 20~30분 정도 습관을 관리해주는 데 투자했습니다. 왜냐하면 초기에는 정해둔 목표를 실천했는지 물어보면, 그제야 부랴부랴 기억해내고 '하는 척'을 했기 때문입니다.

하지만 해야 한다는 책임감과 귀찮음 사이에 감정이 머무는 날에는 곧잘 '습관을 실천하기 싫다'고 짜증을 내곤 했습니다. 그때마다 아이의 짜증나는 감정을 먼저 인정해주고 습관이 왜 중요한지, 그에 따른 보상은 무엇인지 다시 차근차근 설명해주었습니다. 감정 코칭을 알게 되면서는 실전에서 활용도 해보고 달래도 보고 협상도 하느라 시간이 더 필요했습니다.

하지만 3개월부터는 은율이가 스스로 습관이 만들어지는 성취감을 느끼고 약속의 중요성도 알기 시작했습니다. 그때부터는 짧은 질문만 던져 확인하면 끝이었습니다. 예를 들면 "은율아, 오늘 습관은 어땠니? 실천하면서 힘들지는 않았니?"라고 물어보고 대화하는 시간, 즉 하루 10분이면 충분하게 되었습니다.

만약 부모가 회사 일로 야근을 하거나 해외 출장을 가거나 집안의 중요한 경조사 등으로 아이의 습관을 체크할 수 없는 상황이라면 전화를 통해서라도 확인해야 합니다. 아무도 알아주지 않고 자기만 힘들게 습관을 실천한다고 생각하면 금방 지쳐버리기 때문입니다. 아이가 힘들게 습관을 실천하고 있음을 부모가 모두 알고 있다는 것을 표현하고 공감대를 형성하도록 노력해야 한다는 것입니다.

저는 회사 일로 지방이나 해외로 출장을 갈 경우에도 될 수 있으면 은율이와 통화를 해서 습관을 잘 실천했는지 확인하고 인정하며 칭찬해주는 일을 빼먹지 않으려고 노력했습니다. 만약 부득이하게 제가 확인을 못할 경우에는 아내에게 은율이의 습관을 확인해달라고 부탁했습니다.

하지만 세상엔 너무나 많은 예기치 못한 일들이 발생하기 때문에, 엄마아빠 모두 아이의 습관을 매일 확인해주는 것이 힘든 시기가 올 수 있습니다. 이처럼 매일 확인하는 것이 현실적으로 힘든 상황에서는 최소한 일주일에 하루는 아이와 함께 앉아서 일주일 동안의 결과를 확인하고, 힘든 점은 없었는지 물어보고 칭찬하거나 위로하고 격려하는 시간이 꼭 필요합니다.

피드백과 잔소리 구별하기

중요한 사실 하나는 피드백이 잔소리가 되어서는 안 된다는 것입니다. 피드백은 상호적인 것입니다. 아이에게 어떤 어려움이 있는지, 어떤 도움이 필요한지 알아내고 도와주기 위한 것입니다. 반면 잔소리는 일방적인 것입니다. 부모의 욕심 때문에 아이의 행동을 비난하고 윽박지르는 일입니다. 피드백을 준다고 생각하고 잔소리를 계속하게 되면, 아이는 스트레스를 받고 흥미를 잃어버릴 수밖에 없습니다. 지나친 잔소리가 아니라 긍정적인 피드백을 주도록 주의해야 합니다.

이렇게 초등학교 저학년 때부터 스스로 자기주도하에 계획을 세우고 실천하여 그 결과를 기록하고, 무엇을 잘했고 무엇을 소홀히했는지 확인하는 습관이 몸에 밴 아이는 고학년이 되어도 스스로 공부 계획을 세우고 자기주도적인 학습을 실천하는 아이로 성장하게 될 것입니다. 그러나 그 중심에는 부모의 꾸준한 확인과 관리가 있어야 한다는 것을 기억하시길 바랍니다.

내적/외적 보상법

부모가 아이 습관 만들기 프로젝트의 총괄 매니저가 되기 위해서 알아야 할 또 한 가지는 바로 적절할 보상을 제공해야 한다는 것입니다. 보상이 없다면 아이들은 새로운 습관을 반복해야 할 내적 동기를 잃어버리게 되기 때문입니다.

　보상은 마치 자동차의 엔진을 움직이는 윤활유와 같습니다. 전통적인 습관 전문가들 또한 습관이 작동하는 원리를 '신호, 반복행동, 보상'이라는 3단계의 습관 고리 구조로 설명하면서 보상의 중요성을 강조합니다. 보상 방

법에는 2가지가 있습니다. 하나는 내적 보상이고, 다른 하나는 외적 보상입니다.

사례 습관 형성을 위한 내적 보상법 — 아빠의 생각

내적 보상은 아이가 스스로 느끼는 긍정적인 감정입니다. 자신이 정한 하루의 습관을 완수했을 때 느끼는 성취감이 좋은 예입니다. 그 성취감을 느끼도록 하는 원동력은 바로 부모의 인정입니다.

아이는 인정을 먹고 자라는 생명체입니다. 그리고 아이를 인정해주는 최고의 방법은 바로 칭찬이고요. 아이 입장에서 '어? 이게 이렇게 칭찬받을 만한 일인가?'라고 느낄 정도로 최고의 칭찬을 해주어야 합니다. 저는 딸의 습관 계획표에 〈아빠의 생각〉이란 칸을 만들어 피드백과 칭찬을 해주고 있습니다. 이러한 칭찬은 바로 아이가 내적 보상인 성취감을 느끼도록 돕는 역할을 합니다.

사례 외적 보상 활용 시 주의할 점

반면 외적 보상은 본인 이외의 타인으로부터 받는 금전적 보상이나 칭찬입니다. 칭찬 자체는 타인으로부터 받는 외적 보상이지만, 내적 보상인 성취감을 느끼도록 돕는 마중물 역할을 하기 때문에 아이의 보상에 중요한 역할을 하게 됩니다.

저는 아이에게 외적 보상도 하고 있습니다. 매주 습관 6개를 성공할 경우 6천원의 금전적 보상을 줍니다. 즉 하루 습관을 성공하면 1천원의 외적 보상이 제공되는 것이지요. 은율이가 3개의 습관을 실천한지 5주가 되었을 때였습니다. '아빠는 노트 선생님'이란 습관 하나를 시작한 지 3개월이 지나서 습관을 3개로 늘렸기 때문에, 처음으로부터 약 4개월이 조금 지난 시점이었지요.

처음 4주 동안은 여름방학 기간이어서 자유시간이 많다 보니 습관을 잘 지켰지만, 개학과 동시에 학교 수업으로 피곤했는지 이틀이나 습관을 지키지 않았습니다. 처음엔 호기심으로 아빠의 습관을 따라 했지만 초반의 흥미와 열정이 조금씩 식어가고 있음을 직감했습니다. 특단의 조치가 필요한 시점이었지만, 뾰족한 아이디어가 생각나지 않았습니다. 뒤에서 다시 자세히 설명하겠지만, 결국 매주 6개의 습관을 성공할 경우 6천원의 금전적 보상을 주기로 제안하게 된 것입니다.

내적 보상과 외적 보상의 균형 만들기

금전적 보상을 제공할 때는 주의할 점이 있습니다. 그것은 바로 아이가 원하는 물건을 손에 넣고 난 뒤, 만약 새로운 물건에 대한 욕심이 없다면 외적 보상의 효과가 사라질 수 있다는 점입니다. 따라서 부모는 아이가 내적 보상을 동시에 경험하도록 도와주어야 합니다. 습관을 실천하면서 재미와 성취감, 뿌듯함을 느낄 수 있도록 규칙적으로 관심을 갖고 확인해주며 칭찬과 피드백을 제공하기 위해 노력해야 합니다. 외적 보상과 내적 보상이 적절히 균형을 이루도록 해서 아이가 '보상의 편식'에 빠지지 않도록 하는 것이 중요합니다.

아빠의 적극적인 동참이 필요한 이유

부모가 아이 습관 만들기 프로젝트의 총괄 매니저가 되기 위해서 알아야 할 또 하나의 중요한 사실은 바로 아빠의 적극적인 동참이 필요하다는 것입니다. 엄마가 회사일 또는 집안일로 바쁘거나 몸이 좋지 않을 때, 또는 집을 비워야 할 때, 아빠가 하루 10분 정도 짬을 내어 적극적으로 습관을 확인하고 관리해준다면, 아이는 대한민국 모든 부모가 바라는 좋은 습관을 들일 수 있습니다.

아빠가 함께할 때의 효과

아빠가 적극적으로 아이 습관 만들기 프로젝트에 동참하면 여러 가지 장점이 있습니다.

메릴랜드 의대 소아과의 모린 블랙(Maureen Black) 교수는 "아이들의 양육에 열심인 아빠의 자녀들은 문제를 거의 일으키지 않는다"라고 강조합니다. 또한 "아빠가 자녀 양육에 깊이 개입할수록 아이들의 언어 발달이 더 뛰어나고 행동장애를 거의 보이지 않는다"라고 덧붙였습니다.

교육 강국 핀란드의 아이들은 어릴 때부터 학교에서 체육활동을 꾸준히 하며 쉬는 시간이면 교실에 남아 있는 아이들이 없을 정도로 중요시합니다. 이런 체육활동은 잠자고 있는 아이들의 감각기능을 흔들어 깨우고, 뇌 활동을 활발하게 만들어 집중력을 높여줍니다. 따라서 학교에서뿐만 아니라 집에서도 아이들이 신체활동을 한다면 금상첨화겠지요. 아빠의 역할이 중요한 이유입니다.

아빠의 효과적인 놀이법

그렇다면 아빠는 아이와 어떻게 놀아주어야 할까요? 아빠 학교 권오진 교장의 강연을 직접 들을 기회가 있었는데, 아빠가 아이와 잘 놀아주지 못하는 건 사랑하지 않아서가 아니라 단지 놀이에 대한 접근법을 모를 뿐이라고 했던 부분이 특히 인상적이었습니다.

그는 무엇보다도 놀이는 양이 아니라 질이 더 중요하다면서 재미없게 오래 놀아주는 것보다, 짧은 시간이라도 아이가 웃음을 빵 터뜨릴 정도로 재미있게 놀아주는 것이 더 효과적이라고 말합니다.

권오진 교장이 강조한 효과적인 아빠의 놀이방법에 대한 설명을 조금 더 소개해보겠습니다.

첫째, 아빠의 큰 목소리가 놀이를 효과적으로 만들어줍니다. 아이와 놀아줄 때 아빠의 행동만큼 중요한 것이 바로 우렁찬 목소리입니다.

아이는 아빠의 목소리가 처져 있으면 귀신같이 눈치를 챕니다. '목소리에 힘이 없는 걸 보니, 오늘은 나랑 놀기 싫은가 보네'라고 확 풀이 죽어버립니다. 하지만 아빠가 평소보다 더 크고 활기찬 목소리로 말하면 어떨까요? 예를 들어 아이가 종이로 만든 칼로 아빠를 공격할 경우 "(큰 목소리로) 아이고 아파라. 힘이 엄청 세구나!"와 같이 과장되게 크게 추임새를 넣으면, 아이는 저절로 흥이 납니다. 아빠의 큰 목소리가 파장을 일으켜 아이의 몸과 마음을 흔들어 깨우고 신이 나게 만들기 때문입니다. 그래서 일부러라도 과장되게 큰 목소리로 아이와 이야기하는 것이 중요합니다.

둘째, 아빠가 눈을 마주치며 놀아주어야 합니다. 아이와의 교감을 높이기 위해 목소리만큼 신경을 써야 하는 것이 바로 눈을 마주치는 것입니다.

사회심리학적으로 본인이 싫어하는 사람과는 눈을 오래도록 마주치기가 어렵다고 합니다. 거꾸로 말한다면 서로 눈을 오래도록 바라볼 수 있는 사람은 사랑하는 사이라는 반증이기도 합니다. 더욱이 눈을 쳐다볼 경우에는 상대방에 대한 친밀감이 상승하기 때문에, 아이의 눈을 마주보며 '아빠가 너를 많이 사랑한다'라는 교감을 전달하며 놀아야 합니다.

셋째, 아빠가 추임새를 넣으며 놀아주어야 합니다. 기를 살려주는 추임새를 넣으면 아이가 아빠의 기운을 팍팍 받을 수 있습니다. 예를 들어 "이야, 우리 딸 정말 잘하네. 최고야!"라고 큰 목소리로 칭찬을 해주면 아이는 더욱 흥을 느끼고 기분이 좋아지면서 만족감을 얻을 수 있습니다.

추임새는 말로도 할 수 있지만, 몸으로도 가능합니다. 아이가 잘했을 때 손바닥을 부딪치며 하이파이브를 하는 것도 아이의 기분을 좋게 만들어주는 좋은 방법이라고 합니다.

사례 아빠의 놀이법 변화가 가져온 효과

저는 강연을 듣고 집으로 돌아와서 바로 아이들과 함께 실험을 해보았습니다. 페트병에 물을 반쯤 담은 후에 큰딸과 작은딸에게 번갈아가며 던져주고 다시 받는 놀이를 했습니다. 이 단순한 놀이가 과연 아이들을 만족시켜줄지 의심이 갔지만, 결과는 대만족이었습니다. 페트병을 던져주면서 "자~ 받아라"라고 과장되게 큰 목소리로 말하고, "우리 딸 잘하네"라고 추임새도 넣고 서로 손바닥을 치며 하이파이브도 했더니 아이들의 웃음보가 빵빵 터졌습니다.

이번엔 풍선을 던져가며 놀이를 이어나갔습니다. 평상시에는 말 태워주기, 목마 태우기, 괴물 놀이를 한 시간 넘게 해도 더 놀아달라고 하던 아이들이었는데 페트병 던지기, 풍선 던지기로 10분 정도 신나게 웃으며 놀아주었더니 더 놀아달라고 보채지 않고 저를 놓아주었습니다. 이렇게 아이가 아빠 또는 엄마와 몸을 움직여가며 운동을 한 다음 공부를 하면, 공부의 몰입도가 향상된다는 연구 결과도 많습니다.

사례 **맞벌이 아빠를 위한 팁**

하지만 현실은 그리 호락호락하지 않습니다. 특히 맞벌이 부부에게는 엄두가 나지 않는 도전입니다. 퇴근하고 녹초가 된 몸에 밀린 집안일까지 해야 하기 때문에 아이랑 놀아주어야겠다는 생각조차 품기 어렵습니다.

그렇지만 생각의 전환이 필요합니다. 퇴근하고 밀린 집안일을 하느라 정신없을 때, 아이는 엄마아빠를 졸졸 쫓아다니며 말을 걸고 놀아달라고 보챕니다. 하루종일 부모가 오기를 기다린 아이의 입장도 충분히 이해가 됩니다.

이럴 때는 차라리 퇴근하고 현관문을 열면서부터 아이가 빵 터지도록 10분 동안 짧고 굵게 놀아준 다음 "엄마(또는 아빠)는 지금부터 집안일 좀 할게"라고 말하면 흔쾌히 들어줍니다. 그렇게 되면 아이도 공부에 집중할 수 있고, 부모도 집안일을 평상시보다 빨리 마무리하고 약간의 여유 시간을 확보하는 일석이조의 효과를 누릴 수 있습니다.

참고로, 집 안에서 아빠가 아이와 함께 놀아줄 수 있는 간단한 놀이를 몇 가지 소개합니다. 발등 위에 아이 발을 올려놓고 이리저리

왔다 갔다 하기, 아이를 팔다리로 꼭 안고 못 빠져나가게 하기, 책을 아무 곳이나 펼쳐서 내용 중에 등장인물이 많이 나오면 이기는 놀이, 아이와 함께 바닥에 누워서 이불을 발로 차는 놀이 등이 있습니다. 앞서 소개한 페트병 던지기와 풍선 던지기도 훌륭한 놀이입니다.

아이 습관, 아빠가 적극적으로 나서자

놀이를 통한 아빠의 적극적인 육아 참여는 아이가 건강하고 밝게 자라게 하는 밑거름이 되며, 무엇보다도 공부하기 전 신체활동을 통해 집중력을 향상시키는 중요한 역할을 합니다.

아빠는 놀아주기 이외에도 책 읽어주기, '잠들기 전 하루 감사한 일 3개 말하기' 등 다양한 것들을 함께할 수 있습니다. 물론 엄마와 번갈아가며 매일 아이의 습관을 확인하고 관리해준다면 최고의 남편, 1등 아빠가 되는 건 시간 문제겠지요.

『후한서』에는 '이신교자종 이언교자송(以身教者從 以言教者訟)'이라는 글이 있습니다. '몸으로 가르치니 따르고, 말로 가르치니 따지더라'라는 말입니다. 아이들은 부모의 '말'을 듣지 않습니다. 아이들은 부모의 '행동'을 보고 무의식적으로 그대로 따라 합니다. 그러므로 단지 부모가 솔선수범해야 한다는 차원을 넘어서 습관을 통해 아이에게 방법을 가르치고, 실천 과정을 기록하고 관찰할 뿐만 아니라 적시에 칭찬 및 보상을 제공해주어야 합니다. 부모의 사랑과 관심이 높을수록 아이는 좋은 습관을 통해 주도적으로 학습하고 성장하며 발전하게 됩니다.

　끝으로, 아빠들이 부모로서 더 적극적으로 아이와 함께할 수 있기를 바라며, 습관 가족의 일원으로 과감히 동참하기를 기대해봅니다.

아이의 습관 실천이 가져온
5가지 효과

시간관리와 자기주도 학습능력

어느 날 퇴근하여 집에 돌아오니 은율이가 거실에서 TV를 보고 있었습니다. 아이 습관 만들기 프로젝트를 시작하고 약 2년이 지난 시점이었습니다. 평상시처럼 아이와 자연스럽게 대화를 이어나갔습니다.

아빠: 은율아, 오늘은 어떤 습관을 실천하는 날이야?

딸: 오늘은 감사일기 쓰는 날인데 발레학원이 7시에 끝나요. 그래서 8시에 하기로 했어요. (벽에 걸려 있는 시계를 쳐다보고) 지금 7시 40분이니까…… 20분 뒤에 하면 되겠다.

은율이는 아이 습관 만들기 프로젝트를 실천해온 2년여 동안 많은 변화를 경험하고 있습니다. 그중 하나는 시간관리와 자기주도 학습능력입니다.

앞의 대화에서처럼 은율이는 자기 스스로 일주일 동안의 계획을 세우고 시간을 관리함으로써, 습관을 자기주도적으로 실천해오고 있습니다. 그날은 본인이 발레학원을 마치는 일정을 감안하여 오후 8시에 감사일기를 쓰기로 미리 습관 계획표에 적어놓았고, 그 계획에 따라서 스스로 실행했습니다.

매주 일요일에는 다음 한 주의 학교와 학원 수업 일정, 친구와의 약속 등을 고려한 후에, 무슨 요일에 어떤 습관을 몇 시에 실천할 것인지를 주도적으로 계획합니다. 스스로 실천하는 아이가 되었지요. 이러한 시간관리 습관은 자연스럽게 자기주도 학습으로 가는 문을 활짝 열어주었습니다.

왜 습관 실천이 시간관리 능력을 높일까?

앞에서 말했듯이, 아이 스스로 습관 계획표에 매주 시간을 계획하고 기록하는 것은 자기주도 학습의 태도를 강화시켜주는 원동력이 됩니다. 왜 그런지는 김영훈 박사의 「시간관리를 익히기 위한 6가지 전략」이란 칼럼에 잘 설명되어 있는데 내용이 조금 길지만 그대로 옮겨 보겠습니다.

시간관리를 잘하기 위하여 시간을 계획하고 기록하는 일이 필요하다. 사실 초등학생들은 시간 개념이 없다. 스스로 시간을 사용할 수 있다는 생각을 못한다. 그렇기 때문에 시간의 중요성과 계획의 중요성을 차근차근 반복적으로 알려주어야 한다.

일주일 동안의 시간 계산을 해보면 의외로 공부하는 시간이 전체 시간에 비해 적다는 것을 알게 된다. 그 사실을 알고 나면 더욱 시간 관리를 하게 된다.

시간관리는 시간을 지배하는 것이다. 이것이 자기주도 학습의 중요한 출발점이 된다. 아이가 시간이 부족한 것은 체계적으로 시간을 관리하지 않기 때문이다. (김영훈, '시간관리를 익히기 위한 6가지 전략', 「아이의 공부 두뇌」 시리즈 중에서, 2018년 4월 6일자)

김영훈 박사가 위 칼럼에서도 강조했듯이, 아이들은 시간 개념이 없습니다. 하루의 시간을 계획하고 사용할 줄 모릅니다. 그래서 시간이 없어서 학교 숙제를 못했다고 푸념하는 아이들이 많습니다. 이런 관점에서 습관 계획표에 일주일 동안의 할 일을 계획하고 기록한 다음 시간을 관리하는 반복 훈련이야말로 자기주도 학습능력을 길러주는 꼼꼼한 선생님입니다.

_{사례} 자기 신뢰감

김미경 강사가 들려준 재미있는 에피소드 하나를 소개합니다. 다이어트를 해야 의상 협찬을 받을 수 있다고 코디가 말했을 정도로 살이 찐 김미경 강사. 77사이즈는 협찬을 받을 수 없기 때문에 55 반까지 다이

어트를 해야 협찬을 받을 수 있는 상황이었습니다. 코디는 김미경 강사에게 좀 더 구체적으로 요구했다고 합니다.

"한 달 반 만에 6kg을 뺄 수 있으세요? 그리고 두 달 만에 10kg을 줄여야 하는데 뺄 수 있겠어요?"

그러자 김미경 강사는 1초의 망설임도 없이 "그럼~ 뺄 수 있지요"라고 확신에 찬 목소리로 대답했다고 합니다. 이것이 바로 자기 신뢰입니다. 김미경 강사는 과거에 자신과의 수많은 약속을 지켜낸 경험이 있었기 때문에 코디의 무리한 다이어트 요구에도 자신 있게 대답할 수 있었다고 고백합니다.

은율이는 2년이 넘는 기간 동안 스스로와의 약속을 지켜내고 있습니다. 습관 계획표를 짤 때 계획한 시간에 매일 자신이 정한 습관을 실천하려고 노력하고, 결국 성취해내고 있습니다. 자신과의 약속을 지키기 위해 아이가 얼마나 노력하는지 잘 보여주는 사례 하나를 소개하겠습니다.

그날은 은율이가 습관을 실천하기로 계획한 시간이 저녁 8시였습니다. 그런데 낮에 친구들과 뛰어노는 탓에 너무 졸려서 1시간만 자고 일어나려고 했는데, 눈을 떠보니 새벽 1시 27분이었답니다. 늦은 시간이었지만 은율이는 시간을 확인하고는 벌떡 일어나 '아빠는 노트 선생님'이란 습관을 실천했다고 합니다. 예전에 습관을 안 했을 때 자신과의 약속을 지키지 못한 찜찜한 기분이 생각났기 때문이라고 웃으며 털어놓았습니다. 이렇게 자신과의 약속이 중요함을 깨달은 아이는 차츰 타인과의 약속도 중요함을 깨닫게 되었습니다.

미리 준비하는 습관

은율이는 학교 등교시간보다 20분 일찍 도착하기 위해 아침에 미리 준비하는 습관이 생겼습니다. 전날 잠자리에 들기 전에 미리 '주간학습 안내'를 확인하고 준비물을 챙겨놓습니다. 그리고 아침에 일어나 필통을 열어서 연필을 깎고, 빠진 물건이 없는지 재차 확인한 후 가방에 챙겨 넣습니다. 선생님께 제출할 숙제도 가방에 잘 챙겨 넣습니다. 모두 선생님과의 약속이기 때문입니다.

이처럼 나와의 약속뿐만 아니라 타인과의 약속을 소중히 생각하고 지켜내는 아이는 약속을 지키지 않아도 된다는 내적 유혹인 게으름을 이겨낸 것입니다. 즉 나를 이겨내는 경험을 차곡차곡 쌓아가는 아이입니다. 이렇게 나를 이겨본 경험들이 누적되면 결국엔 자기 신뢰감으로 자라나게 됩니다.

성취감

강신주 박사는 『감정수업』이란 책에서 두려움을 다음과 같이 표현했습니다.

한때 병으로 고생했거나, 한때 실직을 했거나, 한때 실연을 당했던 사람은 미래에도 그런 일이 반복될까봐 두려운 것이다. 그러니까 두려움이란 감정은 두 가지 요소가 결합되어 발생한다고 하겠다.(강신

주, 『강신주의 감정수업』, 민음사, 2013년, 528쪽)

그렇습니다. 과거의 아픈 기억과 미래의 불확실성에 대한 염려, 두려움은 과거의 아픈 기억에서부터 출발합니다. 그러니 두려움을 완전히 없앨 수는 없겠지만, 새로운 도전이나 꿈 앞에서 우리 아이들이 두려움을 이겨내게 하려면 어떻게 해야 할까요?

최소한 과거의 아픈 기억, 실패 경험은 줄여주고 아이의 기억 저장소에 될 수 있는 한 좋은 기억, 약속을 지켜낸 기억, 나를 이겨낸 경험, 무언가 끝까지 해낸 성취감을 채워나간다면 자신을 믿고 두려움을 이겨낼 수 있을 것입니다. 그리고 그 시작이 바로 좋은 습관의 실천인 것입니다.

부모의 잔소리가 사라진다

아이가 좋은 습관을 몸에 익히면 육아에 쏟는 엄마나 아빠의 노력을 엄청나게 줄일 수 있습니다. 아이에게 짜증을 내거나 큰 소리로 화를 내는 일도 줄어들고 잔소리도 사라지게 됩니다.

"숙제는 다 했니? 학원은 갔다 왔어? 문제집 다 풀었어? 엄마가 읽으라는 책은 다 읽었어?"라고 잔소리하며, 늘 확인하고 다그치면서 반복했던 아이와의 신경전은 어느새 이른 아침 안개 걷히듯 사라지게 됩니다.

앞에서 소개한 것처럼 아이의 습관 실천 시간이 오후 8시이고, 지금은 오후 7시 40분이니 20분 뒤에 하면 되겠다며 스스로 알아서 계획하고 실천하면 굳이 부모가 이거 해라 저거 해라 하며 잔소리할 필요가 없어지게 됩니다. 물론 습관이 완전히 몸에 배기까지는 시행착오를 겪느라 힘이 들겠지만, 일단 좋은 습관을 몸에 익히기 시작하면 엄마아빠의 부담이 점차 사라지는 것을 직접 경험할 수 있게 될 것입니다.

사례 맞벌이 부부 박혜영 씨의 아이 습관 관리

부모의 부담이 줄어든 좋은 사례를 소개해보겠습니다. 제가 운영하는 습관홈트 프로그램에 참여 중인 박혜영 씨는 맞벌이 부부라, 특히 초등학교 2학년인 아이의 습관 잡기에 관심이 많았습니다. 아이가 스스로 숙제를 하고, 해야 할 일을 잘 챙기려면 습관이 무엇보다 중요하다고 믿고 있었습니다. 그녀가 자신의 아이뿐만 아니라 조카 2명과 함께 카카오톡으로 아이 습관 만들기 프로젝트를 어떻게 진행하고 있는지 자세히 들어볼까요?

"처음은 습관 1개로 시작했어요. 정말 단순하게 수학 학습지의 정해진 분량(하루 2~3장)을 다 풀면, 카카오톡 단체 대화방에 직접 '이모들, 저 수학 완료했어요'라고 메시지를 남기는 것이 규칙입니다."

다른 아이들과 함께 습관을 실천하는 것은 어떤 효과가 있을까요?

"아이가 평소에 휴대폰 자체를 사용하지 못하다가 카카오톡 메시지를 남기는 것 자체가 일탈 같은 느낌인지, 아주 좋아했어요. 함께하는 2학년 아이 3명이 모두 그렇다고 합니다.

카카오톡 단체 대화를 하는 것이, 누군가와 같이 하면서 서로 습관 실천을 까먹지 않게 도와줄 수 있어서 좋다고 해요. 자기만 습관을 지키는 것이 아니라 같이 하고 있다는 것을 아는 것도 아이들에게는 중요하더라고요."

1년 가까이 된 지금은 어떤 변화가 생겼을까요?

"지금은 총 5가지 습관을 실천하고 있습니다. 퇴근 후에 아이들이 까먹고 실천하지 않은 것은 없는지 살펴봅니다. 혹시 아직 실천하지 않은 습관이 있으면 신호를 줘요. 신호는 짧게, 잔소리 같은 느낌이 들지 않도록 비밀스럽게 암호처럼 보내요. 예를 들어 피아노 연습을 해야 하면, 맨 앞 글자인 '피'만 외쳐줘도 알아서 한답니다."

박혜영 씨의 말처럼 습관이 몸에 완전히 배려면 시행착오를 겪느라 시간과 힘이 들지만, 일단 좋은 습관을 몸에 익히기 시작하면 엄마 아빠의 육아 부담은 훨씬 줄어들게 됩니다.

"처음에는 우리가 습관을 만들지만,
그다음에는 습관이 우리를 만든다."

———

존 드라이든

Part

아이 핵심습관 6가지

입과 마음을
닫았던 아이

딸아이의 유년기

"뭐라고? 무슨 말이야? 천천히 똑바로 말해봐."

예상치 못한 저의 거친 반응에 당시 네 살이었던 은율이는 당황했는지 울음을 터뜨렸습니다. 그러고는 점점 말수가 줄어들었고 얼굴빛도 어두워져갔습니다.

아이는 세 살 때 본인의 선택이 아닌 부모의 결정으로 싱가포르에 끌려가서 먼 타지에서 외로운 유년시절을 보내야 했습니다. 당시 저는 MBA 학위를 받기 위해, 아내는 직장에 다니기 위해 싱가포르로 떠나게 되었습니다.

세 살밖에 안 된 아이의 눈에 그곳은 희한한 나라였지요. 유치원에서는 영어, 중국어, 말레이어, 인도네시아어 등 다국어를 가르쳤지만 한국어는 제외되었습니다. 아이들의 피부와 머리 색깔도 각양각색이었고 생김새도 달랐습니다.

대학원 수업을 마치고 부랴부랴 유치원에 도착하면, 아이는 대부분 혼자 장난감을 갖고 구석에서 놀다가 아빠 얼굴을 유리창 너머로 확인하고는 하루 중 한 번만 웃을 수 있는 벌을 받는 아이처럼 있는 힘껏 저를 향해 웃어 보였습니다. 저를 향해 달려와 품에 안기자마자 가방을 부리나케 집어 들고는 유치원 밖으로 나가자고 손을 잡아당기곤 했습니다.

유치원 입학 전에는 아이가 더 외로웠으리라 짐작됩니다. 엄마는 회사에, 아빠는 학교에 가기 위해 아침 일찍 집을 빠져나왔고, 인도네시아어만 할 줄 아는 보모와 단둘이 집에서 하루를 보내야 했기 때문입니다. 아내도 먼 타지인 싱가포르에서 낯선 외국인들과 함께 회사 생활을 하려다 보니 새로운 환경에 적응하는 데 신경을 써야 했고, 저도 39세란 늦은 나이에 학위를 받기 위해 영어로 진행되는 수업을 이해하려고 영어 공부에 더 신경을 써야 했습니다.

이 시기에 아이는 부모로부터 모국어를 배울 시간도 충분히 갖지 못한 상황에서, 4가지 외국어가 사방에서 울려 퍼지지만, 정작 소통할 언어 하나 없는 고독한 유치원 생활을 해야 했습니다. 이런 상황에서 아이는 언어 혼란 증세를 겪게 되었고 생각을 멈추고 입을 닫기에 이르렀습니다. 결국 사고가 터진 거지요.

아이는 자신의 의견을 뚜렷하게 전달할 언어를 익히지 못했으므로 처음에는 띄엄띄엄 5가지 언어를 혼합하여 저와 아내에게 말을 했습니다. 우리 부부는 한 문장 안에 각기 다른 외국어가 뒤섞인 아이의 말을 해석하는 것이 처음에는 신기했고 재미있기도 했습니다. 그러나 신기함과 재미는 그리 오래가지 못했고 이내 근심과 짜증으로 변해갔지요. 아이가 가엾은 작은 입술로 뱉어내는 단어가 무슨 뜻인지 이해하려고 여러 차례 시도했으나 도무지 추측이 되지 않자, 성급한 성격의 저는 조금씩 지쳐갔고 점점 화를 내기 시작했습니다.

더 심각한 사실은, 아이가 세상을 향한 마음마저 닫아가고 있음을 알고도 부모인 제가 바쁜 일상을 핑계로 애써 모른 척해버렸다는 것입니다.

한국으로 돌아와서

그렇게 힘든 유년시절을 2년 동안 타지에서 보내고 한국으로 돌아왔지만, 상황은 쉽게 호전되지 않았습니다. 한국에 돌아온 지 1년이 지나고 여섯 살이 되었지만, 아이의 모국어 실력은 좀처럼 향상되지 않았습니다. 특히 듣기와 말하기 수준은 심각했습니다. '왜?'라는 질문을 하면 질문의 뜻을 이해하지 못해 동문서답을 하기 일쑤였지요.

하루는 유치원에서 돌아온 딸에게 질문을 했습니다.

"은율아, 오늘 유치원은 어땠어?"

"응~, 재미있었어요."

"어떤 친구랑 놀았어?"

"지유랑 놀았어요."

"왜 지유하고 노는 것이 좋아?"

"응, 지유랑 카드놀이 했어요."

'왜?'라고 물었는데, 질문의 뜻을 이해하지 못하고 엉뚱한 대답을 하는 것입니다.

사례 은율이의 놀라운 변화를 이끌어준 '아이 습관 만들기 프로젝트'

아이의 모국어 실력이 심각한 수준임을 깨닫고, 이때부터 책을 조금씩 읽어주기 시작했습니다. 다양한 새로운 단어를 자연스럽게 들으면 모국어를 이해하고 사용하는 데 도움이 될 것이라고 생각했기 때문입니다.

일주일에 2~3일 정도는 퇴근 후에 책을 읽어주었습니다. 평소에는 2권 정도, 야근이나 회식 등으로 몸이 피곤한 날은 1권을 읽어주었습니다. 그러니까 일주일에 5권 정도의 동화책을 2년 가까이 꾸준히 읽어준 것이지요.

그러자 비록 다양하고 고급스런 어휘로 말을 하지는 못했지만 조금씩 모국어에 대해 자신감을 가지게 되었고, '왜?'라는 질문에도 곧잘 올바른 답을 말할 수준까지 되었습니다. 무엇보다 스스로 책을 읽는 습관이 조금씩 형성되어갔습니다.

그리고 운명적인 그날, 2016년 5월 6일이 찾아왔습니다. 그때는 제가 스티븐 기즈의 『습관의 재발견』이란 책을 읽고 작은 습관을 실천하기 시작한 지 약 3개월이 지나던 시기였습니다. 여기서 '작은 습관'이란 남들이 정한 높은 목표를 그대로 따라하다가 중도에 포기하게 되는 거창한 습관이 아니라, '팔굽혀펴기 1회 실천하기'와 같이 작고 사소한 습관을 의미합니다.

앞에서 소개했지만, 당시 제가 실천했던 작은 습관 목록의 예를 들면, '책 읽기 2줄', '글쓰기 2줄'처럼 아주 작고 사소하여 실패할 확률이 낮은 습관들이었습니다.

앞에서도 이야기했듯, 그날도 저와 은율이는 각자 책을 읽고 있었습니다. 은율이는 제가 책을 읽고 난 후 노트에 감동받은 문장을 메모하는 모습을 옆에서 가만히 지켜보더니, 아빠처럼 예쁜 메모 노트를 만들고 싶다며 노트를 가져왔습니다. 그리고 자기가 읽고 있던 책인 『만화로 보는 그리스 · 로마 신화』에서 '제자'라는 단어를 골라 적었습니다. 저와 함께 사전을 찾아 '제자'라는 말의 뜻을 알아본 후 예문

모르는 단어를 적어 뜻을 알아보는 '아빠는 노트 선생님' 노트

까지 적어놓았지요. 그런 다음 노트 표지에 '아빠는 노트 선생님'이라고 또박또박 직접 써놓았습니다. 이 한 권의 노트가 '아이 습관 만들기 프로젝트'의 모티브가 되었습니다.

그 이후 은율이는 저와 함께 아이 습관 만들기 프로젝트를 시작하게 되었고, 2년이 넘는 기간 동안 매일 6개의 습관 중 하나씩을 실천하고 있습니다. 아이를 변화시킨 핵심습관 6가지에 대해서는 뒤에서 알아보기로 하고, 먼저 핵심습관이 무엇인지부터 알아보겠습니다.

핵심습관이란
무엇인가?

은율이가 실천하는 6가지 핵심습관

세계적인 습관 전문가인 찰스 두히그(Charles Duhigg)는 『습관의 힘』에서 "핵심습관은 개인의 삶에서 연쇄반응을 일으킬 수 있는 습관을 의미한다"라고 정의했습니다. 다시 말해 '핵심습관을 바꾸면 그밖의 모든 것을 바꾸는 것은 시간문제일 뿐이다'라는 것입니다.

우리가 가지고 있는 다른 습관까지도 바꿀 만큼 영향력이 큰 습관이 바로 핵심습관입니다. 핵심습관의 예를 들어볼까요?

많은 사람들이 건강한 삶을 유지하기 위해서 조깅을 합니다. 조깅을 하기 위해서는 아침에 일찍 일어나는 습관을 만들어야 하고, 아침에 일찍 일어나기 위해서는 저녁에 일찍 잠자리에 드는 습관을 들여야 합니다. 또한 저녁에 일찍 잠자리에 들어서 숙면을 취하려면, 취침

은율이의 6가지 핵심습관

습관 목록	소요시간	Why this habit	대체습관
1. 아빠는 노트 선생님		모르는 단어 공부하기, 메모 습관	
2. 독서습관		어휘력, 독해력	
3. 감사일기		감사하는 마음 가지기	
4. 독서록		생각의 흔적을 남기는 쓰기 습관	
5. 한자 쓰기		어휘력 높이기	
6. 일기 쓰기		반성과 성찰, 기록 습관	

전 늦은 저녁 시간에 야식을 먹지 않는 습관도 만들어지게 됩니다. 이렇게 조깅이란 운동을 핵심습관으로 만들면 연쇄반응을 통해 새벽 기상 습관, 일찍 자는 습관, 밤늦게 야식 먹지 않는 습관 등이 생기게 됩니다.

은율이는 일주일에 6개의 습관을 실천하고 있는데, 이 6개의 습관이 모두 핵심습관입니다.

핵심습관의 또다른 효과

더 중요한 사실은 바로 아이가 6개의 핵심습관을 실천하는 과정에서 다른 좋은 습관들도 덩달아 형성되었다는 것입니다. 핵심습관 6개가 아이의 몸 구석구석으로 퍼져나가더니 끈기와 책임감, 질문하는 습관 등 다른 좋은 습관을 잉태시켰습니다. 도깨비 방망이로 요술을 부린 것처럼 말이지요.

포기하지 않는 끈기와 책임감

은율이는 습관 6개를 실천하게 되면서 포기하지 않는 끈기와 책임감을 배워가고 있습니다. 지금까지 2년 넘게 아이 습관 만들기 프로젝트를 실천해오다 보니 끈기가 길러졌지요. 중간중간 포기하고 싶은 위기의 순간도 있었지만, 습관을 계획한 스스로와의 약속을 지키려는 책임감도 강해졌습니다.

주말에는 가족행사가 많지요. 우리 가족도 친척 생일파티에 참석하거나 할머니, 할아버지 댁에 방문하는 날도 많습니다. 이렇게 외부 행사가 있는 날은 미리 오전에 습관을 실천하는 경우도 있지만, 그렇지 못했을 경우엔 집에 돌아와서 늦더라도 그날의 습관을 꼭 실천한 다음 잠자리에 드는 책임감과 끈기가 생겼습니다.

질문하는 습관

'아빠는 노트 선생님'이란 핵심습관은 질문하는 습관을 자연스럽게 만들어주었습니다. 혼자 책을 읽다가도 모르는 단어를 발견하면 그 단어가 무슨 뜻인지 바로 묻곤 합니다. 아빠와 대화하다가도 모르는 단어를 들으면 그 뜻이 무엇인지 물어봅니다. 보통 아이들은 부모의 대화 속에서 모르는 단어를 들으면 '어? 무슨 뜻이지?' 하고 궁금해 하면서도 선뜻 질문하지 않고 그냥 지나가버리는 경우가 많습니다.

하루는 딸과 대화하면서 사소한 습관이 중요하다고 말하자, '사소하다'라는 말의 뜻이 무엇인지 바로 물었습니다. 저 또한 사소(些少)란 단어 중 '소(少)'의 뜻과 글자는 알고 있었지만, '사(些)' 자가 어떤 한자인지 몰랐기 때문에 함께 사전을 찾아보기로 했습니다. 결국 '사' 자는 '적다', '작다'란 의미라는 것을 알게 되었고, '사소하다'의 뜻이 보잘것 없이 작거나 적다라는 뜻임을 알게 되었습니다.

은율이의 질문하는 습관에 관한 재미있는 에피소드가 있습니다. 아이 습관 만들기 프로젝트의 과정을 SNS에 조금씩 올렸는데, 이것을 계기로 팟캐스트 〈나는 엄마다〉에 은율이와 함께 게스트로 초대를 받았습니다.

방송(2018년 2월 23일) 내용에서도 소개되었지만, 은율이는 방송 녹음을 시작하기 전에 저와 대화를 하다가 평소처럼 모르는 단어에 대하여 물었습니다. 그 장면을 유심히 지켜본 진행자는 방송에서 아이가 질문하는 모습이 인상적이었고, 그 질문하는 힘이 바로 '아빠는 노트 선생님'이란 습관에서 비롯된 것 같다며 칭찬해주었습니다.

이제 은율이가 어떻게 6개의 핵심습관을 시작하게 되었고, 어떻게 수많은 시행착오를 거쳐 조금씩 변화에 성공해오고 있는지 자세히 살펴보겠습니다.

정리정돈 습관

– 책장 하나 정리했을 뿐인데

정리정돈 습관이 중요한 이유

영국의 한 보험회사가 2012년 3월, 영국 성인 남녀 3,000명을 조사한 결과, 대부분의 사람은 자신이 원하는 물건을 찾는 데 매일 10분 이상의 시간을 낭비했습니다(www.dailymail.co.uk, 2012.3.21.). 우리가 평상시에 TV 리모컨이 어디에 있는지 찾느라 낭비하는 시간, 자동차 열쇠를 어디에 두었는지 몰라서 찾는 데 들이는 시간을 차분히 따져보면 충분히 납득이 가는 조사결과입니다.

　아이가 스스로 자신의 물건을 정리정돈하는 습관은 매우 중요합니다. 왜 그런지 차근차근 따져보죠.

집중력 향상

숙제를 하려고 책상에 앉았는데, 책상 위에 어제 보던 만화책이 있다거나 장난감으로 가득하다면 집중력이 떨어지게 됩니다. 어렵게 책상에 앉아서 숙제를 하려고 해도 다른 물건에 눈길이 가거나, 잡동사니 속에서 지우개를 찾아야 하거나, 필요한 교재를 찾지 못해서 일어났다 앉았다를 반복하게 됩니다. 그 횟수가 잦을수록 아이의 집중력은 흩어지고, 학습효과는 늦가을의 낙엽처럼 우수수 떨어지게 됩니다. 아이의 집중력 및 학습효과를 높이려면 정리정돈이 그 첫걸음입니다.

시간관리력

『지속력-끈기 없는 우리 아이 좋은 습관 만들기 프로젝트』의 저자 이시다 준은 아이들이 정리정돈 습관을 들여야 하는 이유를 다음과 같이 제시합니다.

아이는 정리정돈 습관을 통해 정리를 함으로써 행동을 초기화할 수 있으며 시간관리 능력도 키울 수 있습니다. '노는 시간이 끝났으니 장난감을 정리한다' 또는 '잡지나 책을 다 읽으면 다시 잘 꽂아놓는다'와 같은 식으로, 어떤 행동을 마치고 다음 행동을 시작할 때는 앞의 행동에서 사용한 것을 정리함으로써 행동을 일단 초기화해야 합니다.

행동의 초기화는 '○○ 시간은 끝. 다음은 △△ 시간이다'라는 시간관리로 이어집니다. 이와 같은 정확한 시간관리 능력을 키우기 위해서는 아이에게 정리하는 습관을 길러주어야 합니다.

시간 소비 막기

정리정돈 습관을 통해 정리를 해두면 다음번에 물건을 바로 사용할 수 있겠죠. 직장에서도 공용 자료나 문구류를 일정한 장소에 가져다 놓지 않는 사람 때문에 물건을 찾으러 다니는 불편을 겪는 경우가 많습니다. 물론 학교나 유치원, 어린이집에서도 학급 모두의 공용 물건은 다음에 바로 사용할 수 있게 정리해두어야 합니다.

집에서도 마찬가지지요. 손톱깎이, 면봉, 일회용 밴드 등 가족 모두가 사용하는 물건이 제자리에 없는 상황이 자주 발생합니다. 아이가 손가락에 상처를 입어 일회용 밴드가 급하게 필요한데, 막상 찾을 수 없어 서랍이란 서랍을 다 뒤지면서 고생한 경험이 누구나 있을 것입니다.

정리정돈 습관 없는 이의 공통점

SBS 다큐멘터리 프로그램 〈청소력〉에서는 한국뿐만 아니라 외국에서도 정리정돈 습관이 들지 않아 고생하는 사례가 소개되었습니다.

미국의 나디아 베터(32세) 씨는 수십만 달러의 주택을 사고파는 잘나가는 부동산 컨설턴트입니다. 그런데 그녀는 탁월한 비즈니스 능력과는 어울리지 않게, 자신의 집에 마련한 사무실 공간을 정리하지 못해 고생하고 있었습니다. 정리를 못하는 이유가 무엇인지 묻자 그녀는 이렇게 푸념했습니다.

"바쁜 데다 정리하고 싶지도 않기 때문이죠. 포기하게 되더라고요. 이 서류는 필요하기 때문에 따로 놓아야 하는데 자리가 없어요. 10~15분 정리하다 보면 포기하게 돼요. 그렇게 그냥 두죠. 그래서 자꾸 이렇게 되는 것입니다. 하루의 3분의 1은 물건을 찾느라 시간을 소비하는 것 같아요."

미국 최고의 정리 전문가인 주디스 콜버그(Judith Kolberg)는 나디아 베터의 집을 방문하여 그녀의 사무실 상태를 살펴보고 이렇게 조언했습니다.

"호더(Hoarder)는 '축적하는 사람'이라는 뜻으로, 버릴 줄 몰라서가 아니라 감정적 또는 정신적 방해물 때문에 그렇게 된 사람입니다. 그러니 웬만하면 버리세요."

여기서 말하는 감정적 또는 정신적 방해물의 의미는 '언젠가 필요할 거야', '곧 버릴 거야', '아빠가 준 건데 (어떻게 버려)'와 같이 물건에 대한 미련을 버리지 못하고 정리를 미루는 성향을 일컫는 말입니다.

이처럼 어린 시절에 정리 습관이 몸에 배지 않으면, 어른이 되어서도 중요한 물건을 찾느라 시간을 낭비하고 업무를 처리하는 데 애를 먹게 됩니다.

물건의 집 만들기

이시다 준의 조언을 좀 더 들어보겠습니다.

정리정돈에서 가장 중요한 요점은 '정해진 것을 정해진 장소에 둔다'

는 것이죠. 이를 위해서는 물건 각각의 제자리, 즉 '물건의 집'이라는 개념을 만드는 것이 필요합니다. 물건마다 일정한 장소와 범위를 정해놓고, 그 집을 찾아주는 것으로 시작하는 것이죠. 그리고 정리하는 행동을 잘했다면 곧바로 포인트 카드의 스티커나 스탬프를 더해주도록 합니다. (이사다 준, 『지속력-끈기 없는 우리 아이 좋은 습관 만들기 프로젝트』, 김상애 역, 페이지팩토리, 2015년, 176쪽)

아이들이 알아서 척척 정리정돈을 한다면 금상첨화겠지만, 아직 그런 습관이 몸에 배지 않았다면 부모가 처음엔 방법을 알려주어야 합니다.

저는 정리/정돈이 얼마나 중요한지 알려주기 위해 솔선수범하여 아이의 책꽂이를 정리해주고, 이시다 준 작가의 조언대로 '물건의 집'을 만들어주었습니다.

사례 왜 책꽂이에 주목했을까?

은율이의 핵심습관 중 하나는 독서입니다. 그런데 독서 후에 읽은 책을 바탕으로 독서록을 써야 하는데, 언제부터인가 자신의 수준에 맞지 않게 더 쉬운 초등학교 1~2학년용 책을 선택해서 쓰는 횟수가 조금씩 늘고 있었습니다.

이유가 뭘까 고민해보았습니다. 물론 글자 수가 상대적으로 적은 책을 읽으면 이해도 쉽고 독서록도 짧은 시간에 쉽게 쓸 수 있기 때문이겠지요. 하지만 한편으로 책꽂이에 책들이 정리되지 않은 채 뒤죽박죽 섞여 있으면, 아이가 어떤 책을 읽어야 할지 결정하는 순간에 손이 쉬운 책 쪽으로 무의식적으로 옮겨갈 수 있겠다는 생각이 들었습니다.

실제로 아이들 방의 책꽂이를 천천히 훑어보았습니다. 책꽂이는 당장이라도 터질 듯했고 수많은 책과 다양한 잡동사니들로 꽉 채워져 있었습니다. 아무 생각이 없을 때는 보이지 않던 책꽂이의 적나라함이 여실히 속살을 드러내는 순간이었습니다.

책꽂이에 책이 정리되지 않고 꽂혀 있으니 당연히 아이는 자신의 수준에 맞는 추천도서를 찾기 어려웠고, 그런 번거로움을 핑계로 눈에 쉽게 띄는 아무 책이나 뽑아 들고 읽었던 것입니다.

사례 정리정돈 습관 들이는 법

일단 버리기부터

저는 아이와 함께 책꽂이를 정리하기 시작했습니다. 주제가 너무 어려워서 읽지 않는 책들, 반대로 그림이 많고 글자가 적어 읽기 쉬운 책들은 정리한 후 창고로 옮겼습니다. 나중에 작은딸에게 읽어줄 때 필요해지면 다시 꺼내 오면 되니까요.

물건의 집에 이름표 붙이기

그런 다음 공부방의 책꽂이 두 칸을 비우고 '이달에 읽은 책'이라고 이

름을 붙였습니다. 즉 빈 두 칸이 바로 '읽은 책들의 집'이라고 알려준
후, 스티커로 오른쪽 빈 칸에는 큰딸의 이름표를, 왼쪽의 빈 칸에는
작은딸의 이름표를 각각 붙여주었습니다.

아이들에게 앞으로는 읽은 책을 각자의 이름표가 붙어 있는 빈 책
꽂이에 꽂아놓으면, 아빠가 나중에 얼마나 읽었는지 확인하고 작은
선물을 주겠다고 약속했습니다. 큰딸은 책 1권당 칭찬도장 1개, 아직
어려 그림책을 주로 읽는 작은딸은 책 3권당 칭찬도장 1개를 찍어주
기로 했습니다.

책꽂이만 정리했을 뿐인데

책꽂이를 그렇게 정리했더니 기적이 일어나기 시작했습니다. 눈빛이
달라진 아이들은 책을 더 열심히 읽기 시작했습니다.

책을 정리하고 비운
뒤 아이들의 이름표
를 붙여 나눈 책꽂이

무엇보다도 큰딸은 그림이 상대적으로 많고 글자가 적었던 책들을 치우고 남겨놓은 초등학교 3학년 추천도서들에 더 집중하게 되었습니다. 어떤 책을 선택해야 할지 고민하는 순간을 줄여주니, 적당한 추천도서를 집어 들고 읽기 시작했던 것입니다.

정리정돈 습관의 힘

이렇게 책상을 정리하고 책꽂이를 정리해주자, 아이들 방에서 2가지 긍정적 변화가 일어났습니다.

책상을 정리하고 난 뒤 아이는 더 독서를 좋아하게 되었습니다.

첫째, 깨끗해진 방을 계속 유지하기 위해 스스로 방을 정리하기 시작했습니다. 예전 같으면 가지고 놀던 장난감이나 읽던 책들을 방바닥이나 책상 위에 그대로 방치해두었겠지만, 지금은 스스로 정리정돈을 하고 있습니다.

둘째, 언니와 동생이 사이좋게 책상에 앉아서 책을 읽는 횟수가 늘어나고 있습니다. 책상을 정돈하고 책꽂이를 비우니, 아이들의 독서에 대한 열정이 더욱 뜨거워지고 집중력도 높아지는 것을 직접 확인했습니다. 저에게 그 광경은 마치 다빈치나 고흐가 그린 명화를 감상하는 것만큼이나 크나큰 황홀함을 선사해주었습니다. 아이가 책을 더욱 사랑하게 하는 방법, 그것은 바로 정리의 기술이었습니다.

부모가 솔선수범하여 정리정돈하는 모습을 아이에게 보여준 사례를 하나 더 소개하겠습니다.

사례 김영근 씨 가족의 침대 정리가 가져온 효과

제가 운영하는 습관홈트 프로그램에 참여 중인 직장인 김영근 씨는 '~하는 김에'라는 말을 좋아한다고 합니다. 그리고 이 말을 습관을 실천하는 데에도 적극적으로 활용하고 있습니다. 예를 들면 '독서하는 김에 신문도 읽어볼까? 신문을 읽는 김에 주간지도 읽어볼까? 영어 공부하는 김에 중국어 공부도 해볼까?'와 같이 말이지요.

김영근 씨는 어느 날 유튜브에서 한 동영상을 보고 매우 공감을 했다고 합니다. 그 동영상은 미 해군에서 37년간 복무한 맥 레이븐 전

세상을 변화시키고 싶으세요? 침대 정돈부터 똑바로 하세요.

김영근 씨 가족에게 영감을 준 맥 레이븐의 텍사스대학 졸업연설.
(출처: 유튜브 '포크포크', '해군대장, 세상을 바꾸고 싶다면, 침대 정돈부터 시작해' 캡처)

해군 대장이 모교인 텍사스대학의 졸업 연설에서 '세상을 변화시키고 싶다면 침대 정돈부터 똑바로 하라'라는 주제로 연설한 강연입니다.

맥 레이븐 전 해군 대장은 이 강연에서 매일 아침 침대를 정리한다면 우리는 그날의 첫 번째 과업을 완수하게 되는 것이며, 그것은 우리에게 작은 뿌듯함을 주고, 이는 다음 과업을 수행할 용기를 줄 것이라고 주장합니다. 그리고 하루가 끝나면 완수된 과업의 수가 하나에서 여럿으로 쌓여 있을 것이라고 확신합니다. 무엇보다도 침대를 정돈하는 사소한 일마저 제대로 해낼 수 없다면 큰일 역시 절대로 해내지 못할 것이라고 힘주어 강조했습니다.

침대 정리가 가져온 효과

김영근 씨는 이 동영상을 본 이후 하루를 활기차게 시작하고 또한 아이들에게 정리정돈의 중요성을 가르쳐주기 위해 솔선수범하여 침대 정리를 시작하게 되었습니다.

하지만 초반에는 작은 복병이 기다리고 있었습니다. 아침형 인간인 그는 아직 꿈나라에 있는 아내를 깨우고 침대를 정리할 수 없어서 '아침 식사가 끝난 뒤에 양치질하는 김에 이불 정리도 해볼까?'라는 생각으로 입에 칫솔을 물고 이불 정리를 하려고 안방으로 들어갔습니다.

처음 일주일은 아내가 "왜 자꾸 양치질하며 돌아다녀?"라고 잔소리를 했지만, 4개월이 지나자 아내가 칭찬할 뿐만 아니라 하루의 첫 과업을 성공했다는 뿌듯함으로 하루를 행복하게 시작하게 되었다고 합니다.

침대 정리 습관이 다른 정리정돈 습관으로

김영근 씨는 최근에는 침대 정리를 하는 김에 신발까지 정리하고 있습니다. 신발을 정리하라고 잔소리를 하기보다는, 아빠가 직접 현관 앞에 무질서하게 흩어져 있는 신발을 정리하는 모습을 보여주었더니 아이들도 조금씩 스스로 신발을 정리하기 시작했다고 합니다.

이처럼 부모는 아이에게 좋은 습관을 실천하라고 지도하기에 앞서, 반드시 정리정돈이라는 습관 환경부터 만들어주어야 합니다. 아이들은 산만하고 집중하지 못하는 것이 당연합니다. 그런 아이들을 어렵게 책상에 앉혔는데, 정리되지 않은 책상 위의 장난감이나 필기구 때문에 모든 노력이 물거품이 되는 것은 사전에 미리 막는 것이 현명한 일이겠지요.

핵심습관 1 메모 습관

– '아빠는 노트 선생님' 습관이 가져온 놀라온 변화

사례 아빠는 노트 선생님

은율이는 책을 읽을 때뿐만 아니라 일상생활 속에서 부모와 대화를 하다가도 모르는 단어를 만나면 무슨 뜻인지 질문을 하고, 단어장에 새로 배운 단어를 옮겨 적습니다. 그런 후 '아빠는 노트 선생님' 습관을 실천하는 날에 단어장을 펼친 다음, 그곳에 적혀 있는 단어들을 사전에서 뜻을 찾아 옮겨 적으며 새로운 어휘를 배워나가고 있습니다.

앞에서 말했듯, '아빠는 노트 선생님'은 딸아이가 저의 메모 노트를 보고 본인도 예쁜 노트를 만들고 싶다는 호기심에서 시작한 습관입니다.

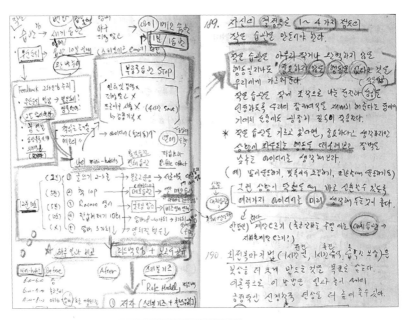

아빠의 메모 노트

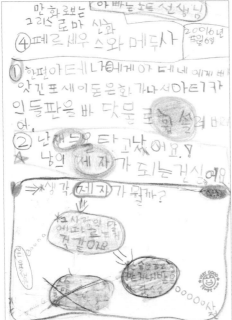

딸의 '아빠는 노트 선생님' 노트

처음엔 일주일에 단어 1개로 시작

처음에는 아이가 책을 읽거나 TV를 시청하다가 모르는 단어를 발견하게 되면 일주일에 딱 단어 1개만 노트에 적어놓고, 자기가 생각하는 단어의 뜻과 사전의 뜻을 비교도 해보고, 관련된 예문을 적는 방식으로 실천했습니다. 많은 양의 단어를 배우는 것보다는 새로운 단어에 대한 호기심과 어떻게 단어의 뜻을 찾을 수 있는지 방법을 배우는데 더 초점을 맞춘 것입니다.

지금은 책을 읽으면서 모르는 단어를 발견하면, 그 단어 위에 동그라미를 표시한 후 나중에 노트에 옮겨 적고 사전을 찾아보고 있습니다.

장기기억과 어휘력 향상

새로운 단어의 뜻을 사전을 찾아 알고 난 뒤, 관련된 사진이나 동영상을 통해 시각적으로 한 번 더 공부하면 뇌의 장기기억 장치에 저장하기가 더 쉬워집니다.

여기서 한발 더 나아가, 이제 막 뜻을 알게 된 단어를 이용하여 예문을 1~2개 적으면 금상첨화입니다. 만약 일기를 쓸 때, 새로 알게 된 단어를 이용하여 쓰게 된다면 자연스럽게 어휘력이 향상될 것입니다.

사람은 자신이 아는 단어만큼 세상을 이해하고 생각할 수 있습니다. 같은 책을 읽어도 사람마다 이해력은 다를 수밖에 없지요. 같은 뉴스를 들어도 자신이 아는 단어의 수준에서 이해하고 해석하게 됩니다. 외국어 공부를 할 때도 마찬가지입니다. 영어도 아는 단어만큼 들리고 아는 단어만큼만 말할 수 있습니다.

만약 아이가 책을 스스로 읽는 습관이 형성되었다면, 낯선 단어를 만나면 밑줄을 긋거나 동그라미 표시를 한 다음 나중에 사전을 찾아보도록 부모가 알려주어야 합니다. 아이들은 알고 있는 단어만큼 세상을 이해할 수 있고 자신의 생각을 말로 표현할 수가 있기 때문입니다.

'아빠는 노트 선생님' 이렇게 활용해보자

은율이는 주로 등교 후 1교시 시작 전, 또는 방과 후 돌봄 교실에서 책을 읽습니다. 학교에서 읽는 책에는 동그라미 표시를 할 수 없으므로, 제가 틈틈이 퇴근 후에 읽어주고 있습니다.

은율이가 아홉 살 때 새로운 어휘를 배우기 위해, 제가 읽어주던 책은 『마법의 설탕 두 조각』과 『삼국사기』였습니다. 처음엔 아빠가 읽어주는 책이 낯설었는지 듣는 둥 마는 둥했지만, 요즘은 제 무릎에 앉아 경청하며 듣고 있습니다.

아이가 무릎에 앉으면 다리에 피가 통하지 않아 저리기도 합니다. 그래도 저와 아이는 책을 읽어가며 의미를 모르거나 어려운 단어를 만날 때마다 서로 이야기하며 동그라미 표시를 하는 재미에 푹 빠졌습니다.

그동안 아이와 함께 동그라미 표시를 한 새로운 어휘들의 예를 들면 '절호의 기회', '큰 타격을 입다', '치밀한 작전계획', '여러 성을 함락시키다', '수확이 적다' 등이 있었습니다. 동그라미는 '절호', '타격', '치밀한', '함락', '수확'이란 단어 위에 표시하고, 아이는 차례대로 국어사전을 펼치고 뜻을 찾기 시작합니다.

그런데 사전을 찾아봐도 이해가 안 될 정도로 어렵게 설명되어 있는 경우가 종종 있습니다. 이를테면 '수확'이 그랬습니다. 수확(收穫)의 사전적 의미는 '농작물을 거두어들이는 일'이라고 되어 있습니다. '수확이 적다'라는 의미를 이해해야 하는데, 아이로서는 사전을 찾아봐도 선뜻 이해가 되지 않았습니다.

이럴 때는 부모가 아이의 언어로 다시 설명해주고 예를 들어주어야 합니다. '농작물'이란 농부가 논밭에서 재배하는 벼, 콩, 배추 등을 총칭하는 말이라고 설명해주어야 합니다. 그리고 질문도 간혹 섞어가며 호기심을 유발해야 하지요.

"수확이 적은 이유는 무엇일까?"라고 물으니 "농부가 일을 게을리해서"라고 대답했습니다. 그래서 "다른 이유는 무엇이 있을까?"라고 물었더니 이번에는 "흙이 좋지 않아서"라고 대답했습니다. 근사한 답변입니다. 비바람이나 태풍 및 가뭄 등 자연재해에 대하여 살짝 덧붙여 설명해주니, 아이는 그제야 '수확이 적다'라는 말의 의미를 충분히 이해하게 되었습니다.

'아빠는 노트 선생님' 습관은 메모 습관을 만들어주었습니다. 또한 새로운 단어에 대한 호기심을 키우고 단어의 뜻을 알게 해주었고, 질문하는 습관도 가지게 해주었습니다. 혼자 책을 읽다가도 모르는 단어를 발견하면, 무슨 뜻인지 부모에게 바로 질문하는 습관이 생긴 것이지요.

'아빠는 노트 선생님'은 독서 습관까지 키워준다

딸아이는 예전에 장난꾸러기이면서 산만하기까지 했습니다. 부모가 책을 읽으라고 강요하면 억지로 책상에 앉아 읽는 시늉을 하기는 했지요. 하지만 1분도 지나지 않아 자세가 흐트러지고 책상을 벗어나려고 몸부림을 치던 아이였습니다.

저는 아이가 혼자 책을 읽는 습관이 아직 만들어지지 않았다고 판단하고, 처음에는 제가 대신 책을 읽어줌으로써 독서에 흥미를 갖도록 유도했습니다. 부모가 책을 읽어주면 아이들에게는 책 내용이 더 잘 이해되고 재미있어져서 그 책에 더욱 관심을 가지게 되는 장점이 있습니다.

이제는 아이 스스로 책을 읽는 습관이 잘 형성되었습니다. 최근에 아이와 함께 휴식도 취하고 책도 읽을 겸 들른 커피숍에서 학교 추천 도서인『광합성 소년』이라는 168쪽의 책을 앉은자리에서 끝까지 몰입하여 읽는 모습을 보고 감탄한 적도 있습니다.

핵심습관2 **독서 습관**

– 산만했던 아이, 어떻게 책 읽는 재미에 빠졌을까?

사례 집중력이 약했던 아이

은율이가 처음부터 책을 좋아하는 아이는 아니었습니다. 책을 읽으려고 앉았다가도 이내 책상 여기저기에 자리를 차지하고 있는 캐릭터 인형들, 알람시계, 스티커, 자연과학 시간에 받아온 살아있는 올챙이에게 눈길을 빼앗기곤 했습니다.

제가 주의를 주어 깨져버린 집중력을 다시 접착제로 붙여보려 하지만 쉽지 않았습니다. 설상가상으로 때로는 복병도 등장합니다. 둘째가라면 서러울 정도로 쾌활한 동생이 거실에서 신나게 놀다가 노크도 없이 공부방에 들이닥치는 순간, 그 절호의 기회를 놓치지 않고 동생과 장난을 치기 시작합니다. 아이들은 깔깔거리고 웃지만 그럴 때마다 속이 까맣게 타들어갔습니다.

임시방편으로 언니가 공부하는 시간에는 동생의 방 출입을 금지하기로 정하고 모두 자리를 비켜주었습니다. 10분 정도 흐른 뒤에 무엇을 하고 있는지 보았더니 인기척을 느끼고는 후다닥 뭔가를 감추려 했습니다. 못 본 척하려다가 다가가서 확인해보니 만화책을 읽고 있었습니다. 답답한 마음에 책을 읽기 싫은 이유를 물으니 '재미가 없다'고 퉁명스럽게 말했습니다.

수준에 맞는 책 고르는 법 – 어휘력부터 체크하자

은율이는 왜 만화책은 재미있지만 그 이외의 책을 읽는 것이 재미가 없다고 말했을까요? 거기에는 분명 이유가 있습니다. 재미가 없다는 것은 책을 읽어도 이해가 안 되기 때문이며, 이해력은 어휘력의 수준에 달려 있습니다.

만화책은 설령 모르는 단어가 있어도 그림으로 상황이 쉽게 연상되니 이해력이 떨어져도 재미가 사라질 확률이 낮습니다. 반면에 글이 대부분인 책을 읽을 때는 모르는 단어가 많다면 내용이 이해되지 않아 재미가 발붙일 틈이 없습니다. 따라서 아이가 책 읽기에 흥미가 없다면, 책의 수준이 맞지 않을 수도 있다고 의심해보아야 합니다.

어휘력 체크하는 법

그렇다면 지금 읽고 있는 책이 아이의 수준에 맞는지 어떻게 확인할 수 있을까요? 모르는 단어나 헷갈리는 단어에는 동그라미나 세모 모양으로 표시를 하도록 하고, 나중에 책의 한 페이지에 동그라미나 세모 표시가 몇 개가 되는지 세어보면 알 수 있습니다. 보통은 한 페이지에 모르는 단어가 5개 이상이면, 아이가 스토리를 이해하는 데 방해가 된다고 합니다.

아이가 왜 책만 읽으면 졸거나 산만해지는지 속상해하기보다는, 혹시나 수준에 맞지 않는 어려운 책을 읽고 있지는 않은지 부모가 한 번쯤 점검해볼 필요가 있습니다. 그리고 어휘 공부를 꾸준히 해나가는 습관을 형성하도록 도와주어야 합니다. 그러면 아이는 책을 읽으면서 자연스럽게 스토리를 이해하고 독서에 재미를 붙일 수 있습니다.

혼자 책 읽는 습관이 없다면

만약 혼자 책 읽는 습관이 아직 만들어지지 않았다면, 부모가 대신 책을 읽어줌으로써 독서에 흥미를 갖도록 유도할 수 있습니다.

어느 날, 평상시처럼 책을 읽어주던 저는 조금 어려운 단어가 나오면 뜻을 아는지 물어보고, 아이가 모른다고 대답하면 그 단어 위에 동그라미 표시를 했습니다.

그런데 자존심이 상했나 봅니다. 자기는 열심히 머리 굴려가며 단어를 설명했는데, 아빠가 그 정도 설명으로는 모르는 단어라고 판단하여 동그라미 표시를 했으니 말이지요.

아이는 다시 더듬거리며 설명하려고 시도했습니다. 재차 설명하는 모습이 귀엽기도 했지만, 다시 설명하는 과정에서 아이의 단어 수준도 함께 점검할 수 있는 좋은 기회가 되었습니다. 어느 순간 아이는 지우개를 들고 아빠가 표시한 동그라미 표시를 박박 지우고 있었습니다. 책 읽기가 아빠와의 재미있는 게임이 된 것입니다.

경청 능력 길러주는 법

책 읽어주기의 또 다른 장점은 아이가 상대방의 말을 잘 듣는 법까지 훈련하게 된다는 것입니다.

딸의 초등학교 담임선생님과 면담을 하면서 놀라운 사실을 하나 깨달았습니다. 초등학교 저학년 아이들은 수업시간에 발표를 하라고 하면 앞다투어 손을 번쩍 드는데, 대부분 자기의 생각을 표현하는 발표력은 뛰어나지만, 다른 아이가 발표하는 동안에는 듣지 않고 딴짓을 한다고 합니다. 즉 아직 듣는 귀가 만들어지지 않았다는 것이지요.

잘 듣는 태도도 말하는 능력만큼 중요합니다. 대부분의 초등학교 수업은 선생님이 설명하고 학생들은 듣는 수업 방식입니다. 경청하려면 이해력과 집중력이 좋아야 하는데, 안타깝게도 이런 습관은 하루 아침에 형성되지 않습니다. 따라서 부모가 책을 읽어주는 것은 타인의 말을 잘 듣는 습관이 몸에 배도록 아이를 훈련시켜주는 효과가 있습니다.

독서 습관과 어휘력, 메모 습관 연결하기

딸아이에게 책을 읽어주기 시작한 지는 오래되지 않았습니다. 아이 습관 만들기 프로젝트를 시작할 당시에는 노트에 일주일에 단어 1개만 적으면 되었기 때문에 아이도 큰 부담이 없었지요. 굳이 책에서 새로운 단어를 찾지 않아도 되었기 때문입니다. TV를 보다가 주인공이 말하는 대사 속에서 찾기도 했고, 엄마와 이야기하다가 새로운 단어를 찾기도 했습니다.

하루는 아내가 '회사에서 임원이 되는 것이 꿈'이라고 말했는데, 딸이 임원이 무엇인지 궁금하다며 '아빠는 노트 선생님' 노트에 적고 사전을 찾아 기록했던 적도 있었습니다.

그러나 아이 습관 만들기 프로젝트를 시작한 지 6개월여가 지났을 때, 저는 단어의 개수를 늘리기로 결정했습니다. 생각의 깊이를 결정하는 2가지 요소인 어휘력과 독해력은 책 읽기를 통해 향상시킬 수 있으며, 초등학교 저학년 시기를 놓치면 안 된다는 중요한 사실을 깨달았기 때문입니다.

그래서 아이와 대화를 시도했고 동의를 얻기까지 시간이 좀 걸렸지만, 결국 공부할 새로운 단어의 개수를 1개에서 5개로 늘리기로 합의했지요. 그런데 일주일에 5개의 새로운 단어를 기존의 방식인 TV 시청이나 부모와의 대화 속에서 찾기는 쉽지 않았고, 결국 책 읽기밖에는 다른 방법이 없었습니다. 그래서 딸에게 책을 읽어주기 시작한 것입니다.

처음에는 제가 책을 읽어주어도 집중을 하지 못했던 아이가 3개월이 지나자 스스로 책상에 앉아 읽게 되었습니다. 며칠 전에 읽어주었던 『마법의 설탕 두 조각』이란 책을 읽고 있는 아이에게 "어? 아빠가 읽어준 책이네? 근데 왜 또 읽고 있어?" 하고 묻자 웃으며 대답했습니다.

"응. 재미있어서요."

틈만 나면 몰래 읽었던 만화책만큼 재미가 있는 것은 아니겠지만, 만화책이 차지했던 딸아이의 독서목록에 아빠가 읽어준 책들이 비집고 들어가기 시작한 것입니다.

산만했던 아이가 책을 좋아하게 된 긍정적인 변화는 대단한 비법에서 비롯되지 않았습니다. 그 시작은 부모의 작은 관심입니다. 아이가 읽고 있는 책이 눈높이에 맞는지 점검해주세요. 그리고 부모가 책을 읽어주면서 함께 새로운 어휘를 배워나간다면, 산만했던 아이도 분명 책 읽는 재미에 빠지게 될 것입니다.

핵심습관3 감사 습관

– 감사일기 쓰기를 하는 이유

사례 감사일기 쓰는 방법

은율이는 일주일 동안 감사한 마음이 드는 일 가운데 3가지를 선정하여 감사일기를 쓰고 있습니다. 매일 감사하는 일이 많으면 좋겠지만, 매일 감사한 일 3가지를 찾기는 어려울 수 있으니 기한을 일주일로 넓혔습니다.

감사일기를 쓰는 방법은 다음과 같습니다.

첫째, 감사한 일 3가지를 적습니다.

둘째, 각각 그 일에 대해 감사하게 된 이유까지 자세히 씁니다.

셋째, 감사한 일 3가지 중에 1가지는 앞으로의 다짐까지 쓰도록 합니다.

2018년 3월 24일의 감사일기에는 이렇게 적혀 있었습니다.

해린이한테 선물을 줬는데, 해린이도 선물을 줘서 감사하다. _감사한 일
왜냐하면 자기 생일인데 자기가 받아야지, 우리한테 주니까. _감사 이유
내 생일 때도 해린이처럼 하겠다._다짐

이처럼 감사일기를 쓰면 행복감이 충만한 아이로 성장할 수 있고
부모와의 관계도 좋아집니다. 무엇보다도 감사하는 마음을 글로 표현
함으로써 사소한 것조차 소중하게 여기는 긍정적인 아이로 변해가고
있습니다.

감사할 줄 아는 아이

은율이가 감사일기를 쓰기 시작하기 전부터 우리 가족은 매일 잠들기
전에 불을 끄고 누워서 그날 하루 중 좋았던 일, 감사했던 일, 속상했
던 일을 서로 이야기하는 시간을 갖고 있었습니다. 그런데 이렇게 잠
들기 전에 온 가족이 서로 이야기를 나누는 시간을 가지게 된 계기가
있었습니다.

맞벌이 부모의 잠자리 대화에서 출발

맞벌이인 저와 아내 모두 회사일로 야근하면서 늦는 날이 많아지자,
어떤 날은 아이들과 하루 종일 한마디도 못하고 잠자리에 드는 경우
도 있었습니다. 그래서 아내가 최소한 잠들기 전에 하루 동안 각자 무
슨 일이 있었는지 이야기해보자고 의견을 내어 시작하게 되었습니다.

이제는 제가 질문을 하면, 아이들이 더 신나 하며 서로 자기가 먼저 이야기하겠다고 다투는 경우까지 있습니다.

"은율아~ 오늘 감사했던 일은 뭐야?"

"음. 내가 키우던 올챙이를 아빠가 같이 냇가에 놓아주어서 감사했어요."

"속상했던 일은 뭐야?"

"동생이 팔꿈치로 배를 때려서 아팠거든요. 그래서 나도 팔로 쳤는데, 엄마가 동생 편만 들어서 속상했어요."

이때 당사자인 엄마가 자연스럽게 대화에 참여합니다.

"그랬구나. 엄마가 동생 편만 들어주려는 의도는 아니었는데, 은율이가 그렇게 느꼈을 수도 있었겠네. 엄마가 앞으론 조심할게."

그러자 옆에서 조용히 듣고 있던 동생이 끼어듭니다.

"언니, 미안해. 다음부턴 안 그럴게."

이렇게 부모와 자녀가 잠들기 전에 하루를 되돌아보고, 그날 느꼈던 감정들을 표현함으로써 서로를 칭찬하거나 위로해주고 잠들면, 아이는 잠자는 내내 행복한 기분을 유지하게 됩니다. 그리고 기분 좋은 기억을 간직한 채 잠드는 습관을 만들어주면 범사에 감사할 줄 아는 아이로 성장하게 됩니다.

오프라 윈프리는 『내가 확실히 아는 것들』에서 이렇게 힘주어 말한 바 있습니다.

감사한 마음을 가지면, 당신의 주파수가 변하고 부정적 에너지가 긍정적 에너지로 바뀐다. 감사하는 것이야말로 당신의 일상을 바꿀 수 있는 가장 빠르고 쉬우며 강력한 방법이라고 나는 확신한다. (오프라 윈프리, 『내가 확실히 아는 것들』, 송연수 역, 북하우스, 280쪽)

행동변화 전문가인 나가야 겐이치도 『잘했어요 노트』를 통해 이렇게 이야기합니다.

우리는 건강하게 살아가기 위해서라도 자기를 부정하는 습관에서 벗어나야만 한다. 허세가 아닌 진심으로 자신을 긍정하는 습관을 익힐 필요가 있다. (나가야 겐이치, 『잘했어요 노트』, 장은주 역, 위즈덤하우스, 2017년, 208쪽)

감사일기의 필요성에 대해서는 데일 카네기도 『자기 관리론』에서 힘주어 주장하고 있습니다.

인류사 이래 부모들은 자식들의 배은망덕에 머리를 쥐어뜯었다. 셰익스피어의 리어왕도 이렇게 울부짖었다. '감사할 줄 모르는 자식을 두는 것은 독사의 이빨보다 더 날카롭구나!'

하지만 우리가 아이들을 감사할 줄 아는 인간으로 교육시키지 않는다면, 그들이 감사해야 할 이유가 어디 있겠는가? 배은망덕은 잡초처럼 자연스러운 것이다.

한편 감사는 장미와 같아서 물을 주고 거름도 주고 보호하고 사랑해줘야 꽃을 피운다. 만약 우리의 자녀들이 감사할 줄 모른다면, 누구를 탓해야 할까? 아마 우리 자신일 것이다.

그들에게 감사하는 법을 가르친 적이 없는데 어떻게 그들이 우리에게 감사하기를 기대할 수 있겠는가? (데일 카네기, 『데일 카네기 자기 관리론』, 강성옥 역, 리베르, 2009년, 415쪽)

이처럼 감사는 대단한 힘을 가지고 있지만, 감사하는 법을 배우기란 말처럼 쉽지 않습니다. 제 딸도 예외는 아니었습니다.

감사일기 습관, 일주일에 1회인 이유

하루 중 감사한 일을 일기로 적으려면 하루를 되돌아보고 감사했던 기억을 찾아내야 하는데, 그 과정이 은근히 힘들었나 봅니다. 말은 생각 없이 할 수 있지만, 생각 없이 글을 쓸 수는 없기 때문이지요. 그래서 매일이 아닌 일주일에 1번 그림 감사일기를 쓰는 습관을 실천하기로 했습니다. 일주일에 1번 정도로 효과가 있을지 의문을 제기할 수도 있겠지만, 천릿길도 한 걸음부터니까요.

감사한 일이 일어난 시간에도 제한을 두지 않았습니다. 보통 감사일기는 하루 동안의 감사한 일을 쓰지만, 은율이에게는 하루가 아닌 일주일 동안 경험한 감사한 일을 기록하도록 시간을 넓혀주었습니다. 매일 감사일기에 적을 만한 일이 일어나면 좋겠지만 처음에는 하루에 하나씩 찾는 일이 쉽지 않으니까요.

저도 시작은 고작 '글쓰기 2줄 습관'이었지만, 10개월 만에 첫 책의 출간 계약에 성공할 수 있었습니다. 처음엔 '글쓰기 2줄 습관'으로 어느 천년에 원고를 다 쓸 수 있을까 의문을 가졌지만, 매일 조금씩 습관을 실천하고 성공하면서 스스로에게 믿음이 생겨나기 시작했고, 결국 목표를 달성할 수 있었습니다.

감사일기 쓰기, 이렇게 발전했다

현재 아이가 실천하고 있는 습관은 정확하게 말하면 '그림 감사일기'입니다. 감사일기와 그림 그리기를 접목한 것입니다.

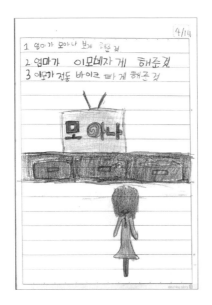

1. 엄마가 '모아나' 보게 해준 것

2. 엄마가 이모네서 자게 해준 것

3. 이모가 전동 바이크 타게 해준 것

그림과 함께 표현한
감사일기

처음엔 단순히 감사한 일만 나열

아이가 그림 그리기를 참 좋아하기 때문에 감사일기를 쓰는 습관에 흥미와 재미를 붙일 수 있도록 일주일 중 감사했던 일 3가지를 쓰고, 그중 감사한 장면 하나를 그림으로 표현하는 그림 감사일기를 습관으로 실천하고 있습니다.

앞의 감사일기는 아이가 2017년 4월 14일에 쓴 것입니다. 처음에는 이처럼 단순히 감사한 일만 썼습니다.

지금은 거기에서 조금 더 발전해서, 감사한 일에 왜 감사한지 그 이유까지 구체적으로 쓰도록 하고 있습니다. 예를 들어 이모가 피아노를 칠 수 있게 해준 것이 감사하다면, '보통은 피아노를 치게 허락해주지 않지만 오늘은 치게 해줬기 때문에'라고 구체적인 이유를 적는 것입니다. 이렇게 하면 감사일기의 효과가 더 커지게 됩니다.

최근에는 감사한 일 3가지 중에 1가지를 골라 앞으로의 다짐까지 쓰도록 하고 있습니다. 2018년 3월 4일의 감사일기에는 이런 내용이 적혀 있습니다.

> 아빠가 필름 사진기의 건전지를 사주셔서 감사하다. 왜냐하면 파는 데
> _{감사한 일}　　　　　　　　　　　　　　_{감사 이유}
> 가 많지 않고 6,000원인데 2개 사면 12,000원이다. 내가 떼까지 썼
> 는데 사주셔서 감사했다. 나도 커서 아빠처럼 자식이 떼써도 사고 싶어
> 　　　　　　　　　　　　　　　　　　　_{다짐}
> 하면 화내지 않고 사줘야겠다.

감사일기의 4가지 효과

그렇다면 감사일기를 쓰는 아이와 그렇지 않은 아이는 어떤 차이점이 있을까요?

행복감이 충만한 아이

우선 감사일기를 쓰는 아이는 행복감이 충만한 아이로 성장할 수 있고 부모와의 관계도 좋아집니다. 무엇보다도 사소한 것조차 소중하게 여기고 감사하는 마음을 가지게 되고, 또 그것을 말하고 표현하는 습관이 생깁니다. 이것은 아이의 인생을 바꾸는 힘이 될 것입니다. 우울하고 부정적인 생각을 멀리하게 만들고, 긍정적인 마음을 갖도록 도와주며, 아이가 스스로 행복한 삶을 살고 있다는 생각을 하도록 만들어줍니다.

팟캐스트 〈나는 엄마다〉에 출연했을 때, 진행자가 은율이에게 감사일기와 관련된 내용을 물었습니다.

"감사일기를 쓰는 것이 핵심습관에 들어 있는 걸 책에서 봤어요. 감사일기는 어떤 계기로 쓰기 시작했는지, 실제로 써보니까 어떤 느낌이나 혹은 변화가 있는지 궁금해요."

그러자 은율이는 이렇게 대답했습니다.

"'감사하는 마음을 써보자'라는 생각에서 했어요. 실제로 해보니 '내게는 감사한 일이 많구나'라는 느낌을 받았어요."

공부습관에도 좋은 영향

감사일기를 쓰는 습관은 아이의 공부습관에도 좋은 영향을 줍니다. 감사하는 마음은 과거의 상처나 실패의 감정에서 벗어나게 하여 지금 이 순간의 행복감에 집중할 수 있도록 도와줍니다. 이처럼 평소 긍정적인 감정을 유지하는 것은 공부 효율을 향상시키는 데 상당한 도움을 줍니다. 부정적 감정이 들면 불안해지고, 이런 감정은 집중력을 흩트리는 방해꾼이 되기 때문입니다.

부모와의 교감

아이가 감사일기를 쓰면 칭찬과 위로를 통해 부모와 교감하게 됩니다. 부모로부터 사랑받고 있고, 부모는 내 편이며 나를 충분히 이해해주려고 노력한다는 인식을 갖게 됩니다. 이렇게 부모에 대한 믿음이 생기면, 부모의 조언을 잔소리로 받아들이지 않고 경청하게 되지요. 또한 부모와 정한 약속인 요일별 습관 목록과 실천 시간도 지켜내려고 노력하는 책임감 있는 아이로 성장할 수 있습니다.

하지만 잊지 말아야 할 사실은 감사일기 쓰기 역시 처음부터 너무 거창할 필요가 없다는 것입니다. 습관은 출발하기 쉬워야 합니다. 첫발을 떼고 걷다 보면, 감사일기를 일주일에 1번이 아니라 차츰 2번, 3번 쓰게 되고, 어느새 매일 쓰는 아이로 성장할 날이 올 것입니다.

핵심습관4 쓰기 습관

— 생각의 흔적을 남기는 독서록 쓰기

딸이 가장 힘들어한 독서록 쓰기 습관

독서록 쓰기는 은율이가 가장 힘들어하는 습관입니다. 책을 읽으며 그 내용을 기억하고 자신의 생각까지 적어야 하기에 창작의 고통이 수반되기 때문인 듯합니다.

초반에는 아이에게 '주인공은 누구인가요?', '책을 읽고 새로 배운 것은 무엇인가요?' 등 가이드라인을 만들어 도와주었습니다. 또한 독서록이 기대에 못 미치더라도 칭찬하고 격려해주었습니다. 은율이는 지금도 독서록 쓰기를 힘들어하지만, 산만하게 머릿속에 흩어져 있던 생각을 정리하고 표현하는 방법을 차츰 배워나가고 있습니다.

왜 독서록 습관이 어려웠을까?

아이 습관 만들기 프로젝트를 시작하고 얼마 지나지 않은 어느 날, 은율이가 『신데렐라』를 읽고 독서록을 썼습니다. 그 내용을 그대로 옮겨 보겠습니다.

어느 날 아빠가 시장에 가면서 물었어요. "우리 딸들에게 뭘 사다 줄까?" 두 언니는 예쁜 옷과 보석을 사달랬어요. 느낀 점은 아빠가 시장 가면서 딸들에게 뭘 사다 줄까 하고 물어보는 것이 이상했어요.

아이가 왜 책 속의 수많은 내용 중에서 저 장면을 골라 썼는지 이해가 안 되고 당황스러웠습니다. 독서록이라기보다는, 책을 읽고 가장 기억에 남는 한 장면에 대해 쓴 것뿐이었죠.

하지만 곰곰이 생각해보니 충분히 이해가 되었습니다. 아이는 습관 목록 중 독서록 쓰기를 가장 힘들어했습니다. 여러 이유가 있지만, 무엇보다도 초등학교 1학년 수준에 맞지 않는 위인전집을 읽고 독서록을 쓰려고 하다 보니, 책은 읽었어도 머릿속에 남아 있는 내용이 거의 없는 경우가 허다했습니다.

위인전집에는 처음 만나는 낯설고 어려운 단어들이 곳곳에 잠복해 있어서 금세 책 읽기가 지루해진 거지요. 마치 멀리뛰기 선수처럼 책을 이리저리 건너뛰며 대충 읽는 시늉만 했던 것입니다. 그래서 무엇을 써야 할지 막막했고, 결국 자꾸 뒤로 미루다 일요일 저녁에야 가까스로 쓰는 경우가 자주 있었습니다. 당연히 독서록의 품질이 형편없는 수준이 되어버린 거지요.

독서록 습관이 왜 중요한가?

그런데 어려서부터 독서록 쓰는 방법을 왜 배워야 할까요?

첫째, 독서록은 글쓰기 교육의 첫 단추이며, 책을 읽고 생각의 흔적을 남기는 훌륭한 수단이기 때문입니다.

안타깝지만 어려서부터 글쓰기 교육을 제대로 받지 못한 성인 중에는 1년에 100권 이상 읽어도, 나중에 내용이 하나도 기억에 남지 않는다고 하소연하는 분들이 상당히 많습니다. 왜 그럴까요? 책을 읽기만 하고 표현을 하지 않았기 때문입니다.

뇌의 입장에서 보면 책을 읽는 행위는 지식의 습득, 즉 인풋(input)입니다. 이는 단기기억에 불과합니다. 단기기억이 장기기억으로 옮겨져 오랫동안 저장되려면 생각의 흔적을 밖으로 표출해야 합니다. 즉 아웃풋(output) 활동이 동반되어야 합니다. 아웃풋 활동의 대표적인 예가 바로 책 읽고 서평 쓰기, 발표, 토론 등입니다. 그래서 요즘에는 어른들도 기꺼이 돈을 지불해가며 독서 모임에 참여하고 있습니다.

둘째, 책 읽기는 대표적인 좌뇌 활동이지만 책을 읽는 것에서 끝나지 않고 글을 쓰면, 이는 좌뇌와 우뇌가 동시에 발달하게 만드는 전뇌적인 활동으로 확장됩니다.

사람의 뇌는 좌뇌와 우뇌로 구성되어 있습니다. 좌뇌에는 언어 중추가 있어서 좌뇌가 발달한 사람은 언어 사용 능력이 뛰어난 반면, 우뇌가 발달한 사람은 예술적 재능이 뛰어나다고 합니다. 우뇌만 자극하는 대표적인 활동이 스마트폰 게임이나 TV 시청입니다. 그래서 영상매체에 많이 노출되고 책 읽기를 기피하는 요즘 아이들에게는 상대적으로 좌뇌의 기능이 축소되고, 우뇌가 집중적으로 발달하는 쏠림 현상이 일어난다고 합니다.

하지만 독서록에 기록해야 할 내용들, 예를 들어 책을 읽은 후 느낀 점 쓰기, 그림으로 그리기, 또는 주인공에게 편지 쓰기와 같은 활동들을 생각하면서 읽으면, 독서가 전뇌적인 활동으로 확장되지요.

셋째, 부모가 독서록을 읽어봄으로써 아이가 얼마나 내용을 이해하고 있는지 점검할 수 있고, 문장 표현력이나 맞춤법의 정확성에 대해서도 파악할 수 있습니다. 최근에는 학교 재량으로 받아쓰기 시험을 폐지하는 학교가 늘어나고 있기 때문에, 독서록은 아이의 맞춤법을 점검할 수 있는 훌륭한 대안이 될 수 있습니다.

독서록 노트의 4가지 가이드라인

그러면 독서록은 어떻게 써야 할까요? 가만히 생각해보니, 아이는 독서록을 처음 쓰기에 단지 어떻게 써야 할지 방법을 모르는 것뿐이었습니다.

저는 아이가 책을 목적의식을 갖고 읽도록 하기 위해 다음과 같은 가이드라인을 독서록 노트에 적어놓았습니다.

1. 주인공은 누구인가요?

ㅗ. 책을 읽고 새롭게 배운 것은 무엇인가요?

3. 그림으로 그리고 싶은 장면은 무엇인가요?

4. 그 이유는 무엇인가요?

처음부터 위에서 말한 4가지 내용을 전부 기억하여 독서록을 쓸 수는 없겠지요. 그러나 아빠가 가이드라인을 알려준 이후 달라지기 시작했습니다.

아이는 책을 읽고 나서 위의 4가지 내용이 기억나지 않자 다시 책을 들고 읽기 시작했습니다. 이처럼 아이가 책을 읽기 전에 부모가 "나중에 이것과 저것을 물어볼 테니 읽고 나서 알려줘"라고 미리 이야기해두면 아이들은 더욱 신경 쓰며 읽게 됩니다.

다만 책을 읽을 때마다 매번 부모가 옆에서 나중에 이것저것을 물어볼 것이라고 하면, 부모도 귀찮고 아이도 강요받는 느낌이 들어서 잔소리처럼 들릴 수 있으니 주의해야 합니다. 독서록 노트에 미리 가이드라인을 적어놓으면 그런 부작용을 방지할 수 있습니다.

밑줄 치며 읽는 습관

우리나라 부모들은 대체로 아이들에게 책을 모서리를 접지도 못하게 하고 밑줄도 치지 말고 깨끗하게 읽으라고 합니다. 제 생각은 조금 다릅니다. 책의 내용을 기억해내기 위해서는 재독도 좋은 방법이지만, 재독만으로는 내용이 쉽게 정리되지 않을 수도 있기 때문입니다.

그래서 기억해야 할 중요한 문장에 밑줄을 치며 읽는 습관도 매우 중요합니다. 책을 손으로 읽는 연습을 하는 것이지요. 밑줄만 그어도 책 읽기의 반은 성공한 것이나 다름없습니다.

송재환 작가는 『초등 1학년 공부, 책 읽기가 전부다』에서 밑줄 치며 읽는 습관의 중요성에 대하여 다음과 같이 강조했습니다.

> 아이들은 무조건 책을 많이만 읽으려는 경향이 있기 때문에, 나중에는 이 책을 읽었는지 안 읽었는지조차 잘 기억하지 못한다. 이런 경우 책을 펼쳤을 때 자신이 밑줄 친 흔적이 있다면 그렇게 반가울 수가 없다. 사람은 자신의 흔적을 발견할 때 기쁨과 동시에 안도감을 느낀다고 하듯, 밑줄 치기 효과는 상상 그 이상이다. (송재환, 『초등 1학년 공부, 책 읽기가 전부다』, 예담프렌드, 2013년, 264쪽)

『손과 뇌』의 저자이자 일본의 대표적인 뇌 과학자인 구보타 기소우는 "창의성은 손의 왕성한 활동에서 나온다"라고 주장했습니다. 손은 '제2의 뇌'라고 해도 될 정도죠. 그래서 책에 밑줄을 그으며 읽는 손의 움직임이 창의력을 향상시켜주는 데 결정적인 역할을 합니다.

두어 줄이라도 칭찬을

무슨 일이든 첫술에 배부를 수는 없습니다. 부모는 아이에게 너무 많은 부담을 주지 않도록 주의해야 합니다. 독서록의 길이가 짧거나 내용이 만족스럽지 못하더라도 칭찬과 격려를 해주어야 합니다.

사람마다 손금이 다르듯, 아이마다 생각하는 방법도 다르고 보는 시각도 다르기 때문에 '훌륭한 독서록이란 무엇이다'라고 하나로 정의할 수 없습니다.

부모와 함께 대화하며 책 읽기

부모와 아이가 같은 책을 읽고 대화를 하는 방법도 좋습니다. 책의 내용을 다시 한번 정리할 수 있어서 아이가 독서록을 쓰는 데 도움을 줄 수 있기 때문입니다. 더불어 다른 사람의 생각과 느낌을 들을 수 있기 때문에 다양한 시각으로 책을 해석하는 능력도 키울 수 있습니다.

하루는 퇴근하고 보니 딸이 『새끼 개』라는 책을 읽고 있었습니다. 옷을 갈아입고 나서 아이가 방금 읽은 그 책을 저도 읽고 이야기를 나누었습니다.

처음엔 아이가 쑥스러운지 이야기를 잘 하지 못해서 흥미를 끌기 위해 단순한 질문을 던졌습니다. "새끼 개가 죽다니 참 슬프다. 은율이는 어디가 가장 슬펐어?", "응, 나도 새끼 개가 차에 치어 죽어갈 때가 가장 슬펐어요." 살짝 질문을 추가했습니다. "새끼 개가 왜 혼자 길을 건넜을까?"

아이는 곰곰이 생각하더니 더듬더듬 책의 전반부를 이야기했습니다. 그래서 제안을 했지요. "네가 책의 앞부분을 이야기해주면 아빠가 이어서 뒷부분을 이야기할게. 어때?"

이렇게 아이는 책 한 권을 다시 읽은 효과를 얻은 것이지요. 이처럼 생각의 흔적을 남기는 독서록 쓰기 습관은 산만하게 머릿속에 흩어져 있던 생각을 명쾌하게 정리하고 표현할 수 있게 하고, 알고 있던 내용은 더 확실하게 알게 해주는 장점이 있습니다.

무엇보다 중요한 독서록 쓰기 습관의 장점은 책이라는 간접경험을 통하여 어제까지 무의미해 보였던 하찮은 일들 속에서 의미를 발견하고 그 감동의 흔적을 기록한다는 점입니다. 아이가 『새끼 개』를 읽고 말 못하는 반려견의 마음을 헤아릴 수 있는 공감능력을 배우고, 새끼 개의 죽음을 통해 느낀 슬픈 감정의 흔적을 기록한 것처럼 말이지요.

핵심습관5 어휘력 습관

— 한자 쓰기+'아빠는 노트 선생님'으로 어휘력 잡기

왜 한자 쓰기 습관을 시작했을까?

우리말에서 한자어는 70%를 차지합니다. 따라서 한자를 배우고 이해하지 못한다면, 우리말을 체계적으로 이해할 수도 없고 올바르게 표현할 수도 없겠지요.

　무엇보다도 한자는 초등학교 저학년 아이들에게 새로운 어휘를 눈높이에 맞게 쉽게 설명하기에 안성맞춤입니다. 예를 들어볼까요? 딸이 어린이용 『삼국사기』를 읽다가 "임금이 인심(人心)을 잃었다"라는 표현을 마주했을 때, '인심'의 한자를 보고 사람 인(人)과 마음 심(心)이 합쳐져 '사람의 마음'이라고 단어의 뜻을 유추할 수 있는 힘은 바로 한자 공부에서 나옵니다.

학습의 기본 어휘력 다지는 법

저와 딸이 유일하게 함께 시청하는 프로그램이 있는데, 바로 일요일 저녁에 직장인들의 월요병을 잠시나마 잊게 해주는 〈개그 콘서트〉입니다. 이 프로그램의 인기 코너 중에 '1대 1'이라는 퀴즈 쇼 형식의 코너가 있었습니다.

한번은 퀴즈 쇼의 사회자가 참가자에게 "두통은 어디가 아픈 걸까요?"라고 물었습니다. 웃기려는 억지 설정이긴 했지만, 질문을 받은 참가자는 뒤로 나자빠지며 "모른다"고 대답했지요. 그때 딸아이가 끼어들며 자랑스럽게 대답했습니다. "머리가 아픈 거 아니야? '머리 두 (頭)'니까 두통은 머리가 아픈 거네."

사촌 조카는 중학교 1학년입니다. 어려서부터 영어유치원에 다녔기 때문에, 학원에서나 학교에서 줄곧 돋보이는 영어 실력을 유감없이 발휘하고 있지요. 하지만 조금 아쉬운 점은 국어 어휘력이 영어보다는 다소 부족하다는 사실입니다.

어느 날, 당시 초등학교 6학년이던 사촌 조카의 국어 교과서를 살펴볼 기회가 있었습니다. 한눈에도 초등학생에게는 어려워 보이는 단어들이 수두룩했습니다.

호기심에 사촌 조카에게 몇 가지 단어를 아는지 물어보았습니다. 그중 하나가 재건(再建)이란 단어였는데, 조카는 재건이 '다시 세운다'라는 의미인지 모르고 있었습니다.

물론 초등학생에게는 어려운 단어일 수 있습니다. 하지만 아쉬웠던 것은 영어 단어를 몰랐다면 큰일이라도 난 것처럼 뜻을 유추해가며 "이 뜻 아니에요?"라며 맞히려고 몇 차례 시도했을 텐데, 국어 단어이다 보니 어떤 뜻일까 고민하지도 않고 사전을 찾아보려는 호기심도 없어 보였습니다. 재(再)라는 단어가 '다시'라는 뜻임을 알았다면 재건의 뜻을 쉽게 유추할 수도 있었을 텐데 말이지요.

국어뿐만 아니라 영어도 모르는 단어를 유추해내는 능력이 중요합니다. 예를 들어 기말고사 시험 지문에 reuse란 단어가 나왔다고 하죠. 만약에 re가 '다시'란 의미의 접두사이고, use는 '사용하다'라는 뜻임을 이미 알고 있었다면, reuse의 의미가 '재사용하다'라는 것을 바로 유추해낼 수 있겠지요.

시험문제의 정답을 맞히고 못 맞히고는 대부분 문장의 이해력에서 결정됩니다. 문장을 정확하게 이해하려면 당연히 그것을 구성하고 있는 핵심 단어를 알아야겠지요. 그렇지만 시험에 나오는 모든 단어를 다 알 수는 없습니다. 따라서 단어를 유추해낼 수 있는 능력이야말로 공부를 잘하는 비결입니다.

그런데 평소 국어보다는 영어에 우선순위를 두고 공부한 조카는 단어의 의미를 유추하는 습관이 형성되어 있지 않았습니다. 그래서 제가 '재건'의 뜻을 물었을 때 1초 정도 고민하는 척하고는, 바로 모른다며 추측하려는 시도 자체를 그만두었던 것입니다.

한자는 새로운 어휘를 쉽게 설명하는 데 안성맞춤

무엇보다도 한자는 초등학교 저학년 아이들에게 새로운 어휘를 쉽게 설명하기에 안성맞춤입니다. 한자의 뜻을 알면 모르는 단어의 의미까지 유추할 수 있으므로 한자공부는 우뇌까지 발달시켜서 전뇌적인 활동을 도와주는 일석이조의 공부방법입니다.

『불안한 엄마 무관심한 아빠』에서 오은영 박사는 다음과 같은 조언을 한 바 있습니다.

> 초등학교 저학년 때 가장 필요한 공부는 모국어에 대한 이해다. 영어나 수학이 아니다. 고학년이 되어서 모든 과목을 두루 잘하려면 모국어를 잘 알고 있어야 한다. (중략)
>
> 초등학교 저학년 때 영어나 수학에만 몰두하다가 다른 과목에서 어려움을 겪는 아이들을 상당히 많이 봤다. 영어가 중요하지 않다는 이야기는 아니지만, 시간을 잘 배분하지 않으면 자칫 소탐대실(小貪大失)할 수 있다. (오은영, 『불안한 엄마 무관심한 아빠』, 김영사, 2017년, 404쪽)

어휘력은 모든 학습의 중심입니다. 모국어 어휘력이 있어야 국어를 포함하여 수학의 개념어, 과학의 모든 용어를 이해할 수 있습니다. 선생님이 말하는 어휘를 이해하지 못하는 학생이 어떻게 수업시간에 집중할 수 있고 수업 내용을 이해할 수 있을까요?

앞에서도 강조했지만 시작은 거창할 필요가 없습니다. 제 딸처럼 한자 참고서를 1권 선택하여 매주 2페이지씩 한 획 한 획 직접 써가면서 한자공부 습관을 실천하면 됩니다.

처음부터 욕심을 부려 아이를 다그칠 필요는 없습니다. 아이는 한 자를 서툴게 그려가면서 더디게 배우겠지만, 반복을 통해 한자에 익숙해지고 거부감을 없애주는 정도면 충분합니다.

핵심습관6 일기 습관

– 반성과 성찰, 기록 습관을 잡아준다

하루를 기록하는 일기 쓰기는 아이에게 하루를 되돌아볼 시간을 주어 잘못한 행동에 대해서는 반성하게 하고, 그날 일어난 기쁘고 슬픈 일에 대한 감정과 생각을 표현함으로써 자기성찰과 바른 인성을 형성하는 데 도움을 줍니다. 그뿐만 아니라 글쓰기 능력까지 향상시킬 수 있습니다.

은율이도 작은 습관 1가지를 실천하기 시작한 것이 일기 쓰기 같은 여러 좋은 습관을 만드는 밑거름이 되고 있습니다. 매일 습관을 실천하면서 부모와 함께 교감하고 성공 경험을 쌓아가면서 행복한 아이로 성장해가고 있습니다. 아이의 미래는 결국 어려서부터 어떤 습관을 들이느냐에 따라 결정된다고 해도 과언이 아닙니다.

사례 일기 쓰기, 부모의 역할이 더욱 중요해진 이유

제가 초등학교를 다니던 1980년대에는 담임선생님이 일기 쓰기 숙제를 내주고 검사를 했지요. 일기장에 빨간색 색연필로 띄어쓰기와 맞춤법을 교정해주었습니다.

그러나 2004년 국가인권위원회가 초등학생의 일기장 검사는 사생활과 양심의 자유를 침해할 소지가 크다며, 교육부에 일기 검사를 개선하라는 권고를 내렸습니다. 지금은 학교마다 담임선생님의 재량에 따라 일기 쓰기를 지도하고 있습니다.

딸이 다니는 초등학교에서도 일기장을 담임선생님에게 제출하지만 선생님과의 면담을 통해 확인한 바로는 일기를 읽지는 않고, 썼는지 쓰지 않았는지만 검사한다고 합니다.

그 이유는 몇 년 전 맡았던 한 아이가 며칠째 일기를 쓰지 않아 물어보니, 부부싸움 한 내용을 일기장에 썼는데 그것을 엄마가 보았다고 합니다. 그후 엄마는 가족의 불편한 사생활을 일기장에 쓰면 선생님이 알까 두려워 일기 내용에 간섭하기 시작했고, 아이는 두려움과 거부감으로 일기를 쓰지 못하게 되었답니다. 선생님은 그 사실을 알고부터는 학기 초의 학부모 설명회 때마다 아이들의 일기를 절대 읽지 않고 확인 도장만 찍어준다고 누누이 강조하고 있다고 합니다.

이처럼 아이들의 일기 쓰기마저도 학교 선생님이 피드백을 줄 수 없는 교육환경으로 변해가고 있습니다. 그래서 요즘은 학교 선생님의

역할도 중요하지만, 부모의 역할이 점점 더 중요해지고 있습니다.

쓸 거리를 못 찾았을 때

저학년의 일기 쓰기에서 부모의 역할이 왜 중요할까요?

대부분의 아이들은 처음에는 일기에 무엇을 써야 할지 몰라 고민하는 경우가 많습니다. 하루의 일과 중 별로 특별한 일이 없어서 쓸 것이 없다고 하소연하는 경우도 자주 발생합니다.

부모는 이런 고민을 하는 아이들에게 평범한 일상 속에서 다양한 글감을 찾도록 도와주는 역할을 해야 합니다. 아이와 대화를 하면서 하루 동안 일어난 일 중 감사한 일은 무엇이고 반성할 일은 무엇인지 기억하게 한 다음, 그 내용을 일기에 쓰도록 지도해주는 것도 좋은 방법입니다. 친구나 가족 또는 친척들과 있었던 일은 무엇이었는지 물어보고, 최근에 읽었던 책이나 관심 분야에 대하여 질문하면, 아이는 스스로 일기에 적어야 할 글감을 떠올릴 수 있게 될 것입니다.

사례 가벼운 첫 출발

은율이가 일기 쓰기 습관을 시작할 때, 제가 가장 신경을 많이 썼던 점은 바로 가벼운 첫 출발이었습니다. 은율이는 그림 그리기를 좋아했으므로 하루를 정리하면서 인상 깊은 장면을 그림으로 먼저 그리게 했습니다. 그래서 습관 목록도 처음엔 그림일기 쓰기였습니다. 이렇게 재미를 곁들여 습관을 실천하고, 익숙해졌다고 판단되었을 때 그림을 제외하고 글로만 일기를 쓰기 시작했습니다.

아이와의 간접소통 창구

무엇보다 부모가 너무 간섭을 하지 않도록 주의해야 합니다. 일기의 분량이 적다고 꾸중하거나 내용이 불충분하다고 억지로 더 많은 내용을 쓰도록 강요하면, 가뜩이나 힘든 일기 쓰기에 대한 거부감만 커지게 됩니다. 따라서 부모는 항상 긍정적인 피드백을 주도록 노력해야 합니다.

아이에게 심하게 화낸 날
아이가 쓴 일기 〈최후의 날〉

피드백을 줄 때에도 부모가 말로 전달하다 보면 잔소리가 될 가능성이 높기 때문에, 아이의 일기장에 되도록 짧게 응원의 코멘트를 남기는 것도 좋은 방법입니다.

일기는 은율이와 간접소통의 창구 역할도 하고 있습니다. 하루는 은율이에게 화를 낸 적이 있습니다. 작은딸을 가르치고 있었는데 옆에서 계속 웃었기 때문이지요. 옆의 사진은 제가 화를 심하게 낸 날 은율이가 쓴 일기입니다. 제목은 〈최후의 날〉이고 일기는 다음과 같이 시작합니다.

오늘 저녁 죽는 줄만 알았다. 왜냐면 아빠가 화가 났다. 귀신이 날 기절시킨 다음 귀신이 날 감옥에 넣는 것 같다. (중략)

저는 이 일기를 읽고 가슴이 너무나 아팠고 크게 반성했습니다. 이후 아이에게 화를 내지 않겠다고 맹세했고 그 맹세를 지키려고 노력하고 있습니다.

반성과 성찰의 힘을 길러주는 일기 쓰기

한편 본받을 만한 위인이나 성공한 유명인 중에도 일기 쓰기를 자신의 꿈과 목표를 실현하는 데 소중한 원동력으로 삼은 사례가 많습니다.

일본에서 '지(知)의 거인'이라 불리는 노학자 도야마 시게히코는

200만 독자가 사랑하는 베스트셀러 저자이며, 일본 최고의 이론가로 인정받고 있으며 아직도 왕성하게 활동하고 있습니다. 그는 나이가 들어서도 끊임없는 지적 창조를 가능하게 하는 중심에는 습관이 있으며, 그 습관 중 하나가 약 70년 동안 매일 써오고 있는 일기라고 합니다.

코리안 특급 박찬호 선수는 1994년 미국 메이저 리그에 진출하여 17년 동안 수많은 시련과 차별을 극복하며 동양인으로서는 최다승인 124승이라는 위대한 업적을 달성했습니다. 그는 124승의 기쁨보다는 98패라는 실패 속에서 더 많은 반성과 성찰을 통해 성장하는 계기를 만들어냈다고 합니다. 그는 자신의 책『끝이 있어야 시작도 있다』에서 일기 쓰기의 힘에 대하여 다음과 같이 강조했습니다.

> 오래된 일기 속 나와 마주하면서 하고 싶은 말이 있다. '거봐 인마.' 훌륭한 선수가 되겠다고 다짐했던 일기 속 마지막 문장이 현실이 되어 있었다. '거봐 인마. 그렇게 되었잖아', '거봐 인마. 그 아픈 것도 다 지나가서 이제 괜찮잖아.' 그 말은 지금의 나에게도 하고 싶은 말이다. 힘을 주면서도 또다시 새롭게 도전하는 나를 북돋아주기 때문이다. (박찬호, 『끝이 있어야 시작도 있다』, 웅진지식하우스, 2013년, 320쪽)

일기 쓰기는 하루를 돌아보게 하고 반성과 성찰의 시간을 갖도록 하는 위대한 힘이 있습니다. 하지만 자신을 성찰하는 능력은 하루아침에 이루어지지 않습니다.

일기 쓰기 습관은 아이가 하루의 반성과 감사를 통해 더 나은 내일을 계획하도록 만들어주는 자기주도적 인성교육이기 때문에, 어렸을 때부터 실천하도록 부모가 옆에서 이끌어주어야 합니다.

일기 쓰기 습관을 통해 스스로 반성할 줄 아는 아이는 커가면서 어쩔 수 없이 마주쳐야 하는 실패와 좌절마저도 또 다른 발전의 밑거름으로 만들어나갈 수 있게 됩니다.

'거봐 인마. 그 아픈 것도 다 지나가서 이제 괜찮잖아.' 오늘 박찬호 선수의 일기 한 구절을 딸아이에게 꼭 말해주어야겠습니다.

"우리가 반복해서 하는 행동이 곧 우리다.
그렇게 보면 탁월함이란 행동이 아니라 습관이다."

아리스토텔레스

Part

아이 습관 만들기
프로젝트

작은 습관 성공의
4가지 효과

"아이~, 독서록 이번 주만 안 하면 안 돼요? 귀찮아서 하기 싫단 말이에요."

토요일에 계획한 독서록 쓰기를 하지 않은 사실을 확인하고 실천 하도록 권유하자, 아이는 얼굴을 잔뜩 찡그리며 대꾸했습니다. 습관 실천 58주째, 결과는 92점이었습니다. 토요일에 하기로 한 독서록을 쓰지 않고, 그 다음날인 일요일에 가까스로 썼기 때문입니다.

다음의 '58주차 습관 계획표'를 보면, 9월 9일(토요일) '결과' 란에는 동그라미 대신에 세모(△) 표시가 되어 있습니다. '가까스로'라고 말한 이유는 아이가 독서록을 쓰기 귀찮아했기 때문입니다. 아이가 직접 적어놓은 실패 이유도 '너무 졸리고 까먹어서'라고 되어 있네요. 맨 밑 에는 제가 습관 실천 결과를 살펴보고 간략하게 쓴 피드백 내용이 적

은율이의 58주차 습관 계획표

	9/4(월)	9/5(화)	9/6(수)	9/7(목)	9/8(금)	9/9(토)	총점
습관 목록	책읽기(옛소리 공작소)	아빠는 노트 선생님	일기쓰기	한자쓰기	감사일기	독서록	
성공 (O,X) — 결과	O	O	O	O	O	△	
계획	오후 7:50	오후 8:30	오후 8:30	오전 8:15	오전 8:13	오후 8:30	92점 (5.5/6)
실천	오후 7:48	오후 7:31	오후 7:59	오전 8:15	오전 8:15	9/10(일) 오후 5:2	
실패 이유	책 읽으며 모르는 단어 동그라미(O) 표시 꼭 하자	1. 침략 2. 단명 3. 단식(투쟁) 4. 곤두박질 5. 잔해	이론수업이 지겨웠구나?	力 이 한자 뜻은?	엄마가 맛있는 거 사주어서 보다 맛있는 거 뭔지 자세히 써보자 할머니한테 얘기한 것도 자세히 써보자	실패 이유: 너무 졸리고 까먹어서	

아빠의 피드백

혀 있습니다.

저는 먼저 딸아이의 감정을 이해하려고 노력했습니다. 감정 코칭에 대한 책을 통해 배우고 터득한 지혜를 실생활에 적용해보는 실험도 겸한 시도였습니다.

"은율이가 독서록 쓰기가 무척 힘들구나? 책을 읽는 것도 힘든데 그 내용을 정리하는 것은 더 힘든 일이지. 아빠도 초등학교 때 책을 읽고 감상문 쓰는 숙제가 제일 힘들었단다"라고 공감해주었습니다. 그러자 약간 화가 풀린 딸에게 1가지 제안을 했습니다.

『습관홈트』 책에서 강조한 '작은 습관'의 개념을 딸에게 적용해보기로 한 것입니다. '작은 습관'이란 습관 목표를 작게 설정해야, 피곤하고 의지력이 고갈된 힘든 날도 뇌의 거부감을 이겨내고 습관 실천에 성공할 수 있다는 것입니다. 마찬가지로 아이가 수행해야 할 행동도 작게 세분화하여 한 단계씩 실천하기로 한다면, 뇌의 거부감이 줄어들어 첫 시작을 수월하게 할 수 있을 것 같았습니다.

"은율아, 그럼 독서록을 한꺼번에 다 하려고 하지 말고, 일단 읽은 책 제목과 지은이만 쓰고, 나머지 책의 내용에 대해서는 쉬었다가 1시간 뒤 저녁 먹고 난 다음에 하면 어떨까?"

그럼, 작은 성공의 효과를 알아볼까요?

자기 효능감

저명한 스포츠 심리학자인 앨버트 반두라(Albert Bandura)는 사람이 무언가를 하면서 자신이 잘한다는 느낌을 받는 것을 '자기 효능감(self-efficacy)'이라고 했습니다. 자기 효능감에 영향을 미치는 요소는 여러 가지가 있지만, 직접 경험해보는 '수행 성취'가 가장 강한 영향을 미칩니다.

예를 들어 자전거를 처음 배울 때는 넘어질까 두렵지만 막상 해보고 나면 생각보다 어렵지 않다는 걸 깨닫게 되고, 자신이 생각보다 잘한다는 자신감이 붙게 됩니다. 이렇게 직접 해보고 성공의 경험을 느끼는 것이 수행 성취입니다. 결국 자기 효능감을 높이기 위해서는 성공적인 수행 성취가 필요합니다.

일단 성공했다는 성취감을 맛보면 지속적으로 다음 목표를 향해 나아갈 에너지를 얻게 됩니다. 그런데 처음부터 정할 때 남들의 기대 수준을 고려해 무턱대고 높은 목표로 시작한다면, 실패의 쓴맛을 보게 되고 자존감은 바닥에 떨어질 것이 자명합니다.

『타이탄의 도구들』의 저자 팀 페리스(Tim Ferris)는 야심찬 목표를 경계하라며 "무슨 일을 하든 간에 목표는 낮게 잡아라. 그리고 자신이 반드시 이길 수 있도록 게임의 규칙을 조작하라"고 조언합니다.

골프를 처음 배우는 사람이 처음부터 타이거 우즈처럼 드라이버로 300m를 치려고 해서는 안 됩니다. 그럴수록 손에 힘이 들어가고 어깨가 경직되어 실수를 하게 마련입니다. 처음에는 거리는 포기하고 공을 정확히 맞추는 것을 목표로 삼고, 이것을 이뤘을 때 그 작은 성공에 기뻐하며 다음 목표를 세워야 합니다. 작은 성공이 모이면 자기 효능감은 높아지고 자신감이 생기게 됩니다.

자기 존중감

작은 성공의 또 다른 긍정적인 효과는 실패나 자괴감에서 기인하는 불만이 미치는 악영향을 희석시킨다는 점입니다. 일상에서 성공하는 것이 하나쯤은 있어야 자신을 신뢰하고 존중할 수 있게 됩니다.

아이가 친구와 싸우거나 선생님한테 수업 태도가 나쁘다고 지적을 받아 기분이 우울하면 자존감이 떨어집니다. 우울한 감정에서 탈피하도록 돕는 좋은 방법 중 하나는 칭찬을 듣거나 스스로 정한 약속을 실천하여 뿌듯함을 느끼는 것입니다. 매일 실천하는 습관 1개는 아이가 부정적인 감정에서 탈출하여 무너진 자기 존중감을 회복하도록 돕는 역할을 할 수 있습니다.

동기부여

작은 성공은 동기부여에도 긍정적 영향을 미칩니다. 자신이 직접 결정한 일이라면 그 일을 왜 해야 하는지 알 수 있고, 그 일을 지속적으로 하고 싶은 마음이 생기며 동기가 부여됩니다.

　매일 매일의 '습관 목록'을 스스로 정하고 '실천 시간'을 계획한 다음, 그 '결과'를 기록하는 것은 작은 성공의 결과물입니다. 이처럼 작은 성공은 '오늘도 해냈다'라는 성취감과 '나도 할 수 있다'라는 자신감을 아이의 영혼과 심장에 불어넣어주는 중대한 역할을 합니다. 또한 '나도 할 수 있다'라는 생각의 변화와 삶을 대하는 태도를 변화시켜 자존감을 높여줍니다.

　『잘했어요 노트』의 저자인 나가야 겐이치는 긍정적인 사고를 하면 티록신(thyroxine)이라는 갑상선 호르몬이 증가하여 도전의욕이 왕성해진다며, 스스로 잘한 일을 인정하는 것은 자신의 미래를 개척하는 호르몬을 늘리는 일이라고 강조한 바 있습니다. 다시 말해, '나도 할 수 있다'라는 긍정적인 사고가 호르몬 분비를 증가시키고 도전의욕을 강화하는 선순환 과정을 반복하게 만든다는 것입니다.

회복 탄력성

목표를 작게 설정하고 매일 작은 성공을 달성하는 것의 또 다른 장점은 바로 회복 탄력성을 높인다는 점입니다.

어른이든 아이든 새로운 행동을 습관화하는 것은 힘든 일입니다. 작심삼일의 함정에 빠져 새로운 행동을 포기한 경우에는 실패했다는 패배감을 이겨내고 다시 도전해야 하는데, 목표가 너무 높으면 쉽게 마음을 다잡고 행동에 옮기기가 만만치 않습니다.

작은 습관을 정하면 목표가 낮기 때문에 추락해도 부상의 정도가 경미하고, 바로 일어나 먼지만 툭툭 털어내고 다시 걸을 수 있습니다. 습관 실천에 실패한 다음 날 언제든 다시 시작하면 됩니다. 이렇게 실패해도 다시 일어날 수 있는 힘이 회복 탄력성입니다.

반면 목표가 높은 습관을 실천하다가 실패하면 굴러 떨어지는 아픔이 매우 크기 때문에, 다시 그 계단을 올라가려면 상당한 용기와 시간이 필요합니다. 차일피일 미루다가 새해가 올 때까지 기다리게 됩니다. 학습된 무기력이 남은 시간들을 흥청거리며 낭비하게 만들죠.

사람들은 새해 첫 해돋이를 보며 하는 새해 결심을 마치 만병통치약처럼 생각합니다. 어쩌면 그렇게라도 믿어서 희망을 이어가고 싶은 것이겠지요. 문제는 이 부질없는 반복에는 끝이 없다는 것입니다. 1년 365일은 언제라도 다시 시작하기에 가장 좋은 날입니다. 날짜를 편식하여 습관을 시도하려는 과거의 나쁜 사고방식은 과감히 버려야 합니다.

작은 목표로 시작하기
—'제목과 지은이'만이라도 쓰라고 한 이유

작동흥분이론 – 뇌의 관성 법칙

독일의 정신의학자 에밀 크레펠린(Emil Kraepelin)은 '작동흥분이론(Work Excitement Theory)'을 발표하였는데, 이 이론에 따르면 '우리의 뇌도 관성의 법칙을 따른다'고 합니다. 즉 몸이 일단 움직이기 시작하면 멈추는 데에도 에너지가 소모되기 때문에, 뇌는 하던 일을 계속하는 것이 더 합리적이라고 판단한다는 것이지요. 예를 들어 팔굽혀펴기를 1회만 하기로 마음먹고 실천하면, 뇌의 입장에서는 1회만 실천하고 멈추는 데에도 에너지가 소모되므로 관성의 법칙에 따라 1회 또는 2회 정도 더 실행하려고 한다는 이론입니다.

실용심리학의 최고 권위자로 인정받는 윌리엄 제임스(William James)는 다음과 같이 말했습니다.

감정이 먼저이고 행동이 나중인 것 같지만, 사실 이 둘은 함께 움직인다. 따라서 유쾌한 기분을 잃었을 때 그 기분을 회복할 수 있는 최고의 자발적인 방법은 유쾌한 태도로 이미 유쾌한 것처럼 말하고 행동하는 것이다. (데일 카네기, 『데일 카네기 자기 관리론』, 권오열 역, 매월당, 2013년, 367쪽)

다시 말해 먼저 마음의 준비를 한 다음 행동을 하는 것이 아니라, 행동을 하다 보면 마음도 따라오고 변하게 된다는 것입니다. 일단 행동하면 감정이 변하고, 감정이 변하면 또 다른 행동을 유발하여 다음에 무슨 행동을 할지 스스로 알게 되면서 점차 성장하게 된다는 것이지요.

실천 아이가 싫어하는 독서록 쓰기, 뇌의 관성 법칙 이용하기

앞에서 사례로 소개했던, 독서록 쓰기를 싫어한 은율이의 이야기로 다시 돌아가볼까요? 일단 제목과 지은이만이라도 써보라는 제안에 예상대로 딸아이는 눈빛이 바뀌면서 밝은 목소리로 대답했습니다.

"진짜요? 알았어요. 딱 제목하고 지은이만 쓰면 되죠?"

그리고는 읽었던 책을 집어 들고 독서록 노트를 펼쳐 무언가 적기 시작했습니다. 저는 애써 무엇을 하는지 관심이 없다는 듯 읽던 책을 계속 읽었습니다. 10분 정도 지났을 때 딸이 제게 물었습니다.

"아빠~ 지금 독서록 내용까지 쓸까요, 말까요?"

저는 놀라는 척하며 대답했습니다.

"그래? 독서록 내용까지 쓰고 싶은 마음이 조금 생긴 것 같은데? 지금 내용까지 다 써볼래?"

이미 내용까지 다 써놓고 장난치고 있다는 사실을 직감적으로 알아챘지요. 딸은 제 말을 듣자 크게 웃으면서 숨겨 놓았던 비장의 카드를 보여주며 당당하게 말했습니다.

"아빠, 나 아까 내용까지 이미 다 썼지롱~ 으히히히."

이때 부모는 명배우가 되어야 합니다. "진짜? 우와, 정말 대단한데? 언제 다 쓴 거야?"라고 놀란 척을 하며 다음 질문을 이어나갔습니다.

"아빠가 제목만 쓰라고 하니까 쉬워서 독서록 쓰기가 어렵지 않았지? 그런데 막상 시작하고 보니 조금 더 하고 싶은 생각이 들지 않았니?"

그러자 딸이 웃으며 대답합니다.

"응~ 더 하고 싶다는 생각이 들었어요."

앞에서 소개한 작동흥분이론이 제대로 작동한 것입니다. 일단 독서록을 펴고 책 제목을 쓰는 순간, 딸의 뇌 입장에서 보면 제목만 쓰고 노트를 덮고 그만두는 데도 에너지가 소모되기 때문에 내용까지 조금 더 실천하려는 관성의 법칙을 따르게 된 것이지요.

아이가 좋아하는 습관 딱 1개부터

〈나는 엄마다〉 팟캐스트에 출연했을 때도 이 사례를 소개했습니다. 진행자가 "습관을 실천하기 싫은 날이 있을 텐데 어떻게 그 마음을 이겨내요?"라고 물었습니다. 그러자 은율이는 "그냥 처음에 (조금만) 시작하고, 밥 먹고 다시 하자고 생각하고 시작해요. 그런데 시작하면 끝까지 가요"라고 대답했습니다.

은율이의 사례처럼, 아이 습관 만들기 프로젝트도 부모의 욕심이 개입되지 않도록 작은 목표로 시작해야 합니다. 그리고 인내심을 가지고 천천히 변화할 수 있도록 지켜봐야 합니다. 아이가 좋아하고 흥미를 보이는 습관 1개부터 시작하면 그 이후에는 작동흥분이론이 점차 작동하기 시작하여 아이의 목표도 점차 자연스럽게 늘어날 것입니다.

아이 습관 만들기 프로젝트
: 2년의 기록

저는 습관홈트 프로그램에 참여한 성인들이 매일 습관을 실천하며 조금씩 변화를 경험하는 것처럼, 은율이에게 아이 습관 만들기 프로젝트가 통할지 궁금했습니다. 이것이 이 프로젝트를 시작한 한 이유였습니다.

이제 은율이가 지난 2년 동안 습관을 실천해오면서 경험한 실패와 시행착오, 좌절과 성공의 과정을 되도록 시간 순서대로 소개해보겠습니다. 은율이는 2016년 아빠의 메모 노트를 보고 자기도 따라해보고 싶다며 '아빠는 노트 선생님'이란 습관을 시작한 이후, 지금까지 2년이 넘게 포기하지 않고 실천해오고 있습니다. 하지만 그 과정이 순탄하지만은 않았습니다.

우리 가족의 시행착오와 변화를 소개하는 이유

저와 딸의 좌충우돌과 시행착오의 과정을 소개하는 이유는, 여러분과 자녀들이 아이 습관 만들기 프로젝트를 실천하는 과정에서 맛보게 될 실패와 좌절이 여러분에게만 찾아오는 일이 아니라, 누구나 똑같이 경험하는 일이라는 사실을 공유하기 위한 것입니다.

가장 중요한 것은 앞에서도 여러 번 강조했듯이 시작이 거창하면 안 된다는 것입니다. 아이가 부모의 습관 중 하나에 관심과 흥미를 보일 때 습관 1개를 정해 시작하면 됩니다.

어떤 부모님은 처음부터 중간 과정을 건너뛰고, 단번에 일주일에 6개의 습관을 모두 실천하기를 기대할 수도 있습니다. 하지만 아이들의 마음에 습관이란 불씨가 먼저 타오르기 시작해야만 오래 지속할 수 있습니다. 그 다음은 부모와 아이가 함께, 2인 3각 경기처럼 호흡도 같이 하고 하나 둘, 하나 둘 구령도 함께 외치며 아이가 뒤처지지 않도록 천천히 발걸음을 옮겨야 합니다.

부모의 욕심으로 강압적으로 끌고 간다면 아이는 결국 지쳐서 넘어지고 땅바닥에 주저앉게 됩니다. 더 심각한 경우에는 아이가 다시는 일어서지 못하고 포기할 수도 있습니다. 은율이가 좌충우돌하며 경험한 일련의 시간을 타산지석으로 삼아, 여러분의 자녀는 시행착오를 최소화하고 무사히 결승점을 통과할 수 있게 되길 소망합니다.

첫 1개월
: 재미와 갈등을 반복하다

사례 **1주차, 순조로운 첫 출발**

앞에서 소개했듯, 저와 은율이는 하루에 1개, 일주일에 6개의 습관을 정한 다음 본격적으로 아이 습관 만들기 프로젝트를 시작했습니다. 첫 출발은 대단히 순조로웠습니다. 가장 만족스러웠던 것은 맞벌이 부모라 세세하게 관심을 두지 못했는데도, 습관 계획표에 동그라미 (○) 표시를 하는 재미에 푹 빠져 즐거워하며 웃던 딸의 모습이었습니다. 앞으로 다가올 날들은 어떤 결과를 보여줄지 흥미진진했던 순간이었습니다.

2주차, 위기가 생각보다 빨리 찾아오다

그런데 2주차부터 딸과의 갈등이 시작되었습니다. 은율이는 욕심쟁이입니다. 8월 10일(수)은 '아빠는 노트 선생님' 습관을 실천하기로 스

은율이의 1주차 습관 계획표 <습관 계획표 초기 버전

	8/1(월)	8/2(화)	8/3(수)	8/4(목)	8/5(금)	8/6(토)	총점
습관 목록	그림일기 ①	독서록	아빠는 노트 선생님	그림일기 ②	수학탐구	대화탐구	
	○	○	○	○	○	○	
성공 (○,X)	(못한 이유) 오늘 밤 9시 40분 약속						100점 (6/6)
실패할 경우, 언제 할 건가요?	실천날짜 8/3일(수)						

스로 정한 날이었습니다.

 그런데 12일(금)에 중간 점검 차원에서 노트를 펼쳐서 확인해보니 지난주까지 실천한 결과물만 있었습니다. 반면 습관 계획표를 살펴보니, 습관을 실천하지도 않았으면서 결과에 미리 성공(○)으로 표시해 놓았더군요. 왜 그랬는지 이유를 묻자 자기 전에 하겠다고 짜증 섞인 목소리로 투덜댔습니다.

 습관 계획표의 맨 오른쪽 칸은 일주일 동안 습관을 실천한 점수를 표시하는 곳입니다. 습관 6개를 모두 성공하면 100점이고, 1개를 실패할 때마다 100점에서 16점씩 점수를 빼나가는 방식입니다.

 딸은 총점 100점을 받으려는 욕심에, 아직 실천하지 않았는데도 미리 성공으로 표시하는 과감함을 보여주었습니다. 딸의 입장에선 일

2주차

	8/8(월)	8/9(화)	8/10(수)	8/11(목)	8/12(금)	8/13(토)	총점
습관 목록	그림일기 ①	독서록	아빠는 노트 선생님 수학탐구	그림일기 ②	수학탐구 (숙제완료)	대화탐구 (숙제완료)	
성공 (O,X)	O	O	Ⓧ	Ⓧ	O	O	84점 (5/6)
실패할 경우, 언제 할 건가요?				실천날짜 8/12(금)			

아빠가 O 위에 X로 다시 표시

* 2주차에는 습관을 실천하지도 않고, 결과에 미리 성공(O)으로 표시한 일이 발생했습니다.

요일에 아빠가 습관 계획표를 점검하니까, 그날까지는 실패한 습관을 만회하려는 계획이란 걸 알 수 있었습니다.

원칙주의 아빠와 욕심쟁이 딸의 갈등

하지만 저는 냉혹한 현실을 은율이에게 전하는 악역 배우가 되길 자처했습니다. 아이가 성공으로 표시(O)한 곳을 실패 표시(X)로 덧칠했습니다. 그랬더니 습관 계획표가 지저분해졌지요. 아이의 마음도 겉으로는 보이지는 않았지만, 덧칠한 실패 표시처럼 상처투성이로 지저분해졌을 것입니다.

은율이는 처음에는 엉망진창이 된 기분을 꾹 참고 있었습니다. 하지만 악역을 맡은 제 행동이 감정 도화선에 불을 붙였는지, 곧 마치 아껴 먹던 과자를 동생이 몰래 먹어치운 것처럼 대성통곡하기 시작했습니다. 울고불고 난리를 쳤지만, 저는 차분히 약속의 중요함과 규칙의 엄격함을 이해시키려고 노력했습니다.

공감, 하지만 원칙은 지키다

먼저 요구사항을 밝히기 전에 아이의 억울함을 공감해주었습니다. 얼마나 속상한지 이해한다고 말하면서, 아빠도 어렸을 때 억울하면 속상해서 많이 울기도 했다며 달랬습니다. 그렇게 해서 억울한 감정이 밑바닥으로 가라앉을 때까지 기다렸다가, 아이가 울음을 그치고 난 뒤에 제 생각을 전달했습니다.

다행스럽게도 아이는 제 말에 수긍하는 듯 보였습니다. 사실 잘못을 순순히 인정했다기보다는 아빠의 냉정함에 오기가 생겼기 때문이지요. 오기는 곧 행동으로 나타났습니다.

욕심과 오기, 포기하지 않는 열정

옆의 표에서 보듯, 8월 11일(목) 습관인 '그림일기'도 실천하지 않아 실패(X) 표시를 했었지요. 그러자 은율이는 갑자기 책상에 앉더니 그림일기장을 펼치고 연필을 손에 꽉 쥔 다음 거칠게 일기를 쓰기 시작했습니다. 그러고는 '실패할 경우, 언제 할 건가요?' 란에 8월 12일(금)이라고 적더니 실패 표시를 성공 표시로 고쳐놓습니다. 한 번의 덧칠로는 아빠가 준 상처가 보상되지 않는 듯, 노트가 뚫어질 만큼 여러 번 동그라미를 반복해서 그려 넣었습니다.

습관 실천을 모두 성공하고 싶은 욕심과 오기, 그리고 포기하지 않는 아이의 열정에 감사한 하루였지만, 한편으로는 습관을 만든다는 것이 참 쉽지 않은 도전임을 다시 한번 깨닫게 되었습니다.

3주차, 습관 실천의 기쁨을 맛보다

습관 만들기 3주차가 되었습니다. 지난 주에는 내적 갈등으로 잠시 방황했던 은율이가 이번 주에는 습관을 모두 실천해 무척 대견스러웠습니다.

물론 은율이는 그날 그날 자기 기분에 따라 실천하고 싶은 습관 목록을 바꾸기는 했습니다. 원래는 16일(화)에 독서록을 실천하려고 계획했지만 부담스러웠는지, 조금은 수월한 '아빠는 노트 선생님'으로 변경하여 습관을 실천했습니다.

특히 독서록 습관에 부담을 느끼는 것 같았습니다. 독서록을 하기로 정한 날은 원래 16일(화)이었지만 17일(수)로 바꿨더군요. 책을 읽고 내용을 요약하고 느낀 점을 쓰는 것이 나이를 불문하고 쉬운 도전은 아닌 것 같습니다. 아무튼 결과적으로 3주차의 습관을 모두 잘 실천한 것은 칭찬할 만한 일이었죠.

"이번주에는 어떻게 습관을 모두 성공할 수 있었어?"

아이가 망설임 없이 대답했습니다.

"응~ 기쁜 마음이 들었어요."

아이에게도 새로운 행동을 멈추지 않고 계속하게 하는 힘은 바로 즐겁고 기쁜 마음이라는 것을 새삼 깨닫게 되었습니다. 아이가 기뻐

3주차

	8/15(월)	8/16(화)	8/17(수)	8/18(목)	8/19(금)	8/20(토)	총점
습관 목록	그림일기①	독서록 아빠는 노트선생님	아빠는 노트선생님 독서록	그림일기②	수학탐구	대화탐구	
성공 (O,X) 결과	O	O	O	O	O	O	100점 (6/6)
실패 이유							
실패할 경우, 언제 다시 할 건가요?			실천날짜 8/18(목)				

* 독서록 쓰기에 부담을 느껴 '아빠는 노트 선생님'과 '독서록'의 실천 순서를 바꾸었습니다.

하는 모습에 저도 덩달아 기분이 좋았습니다. 하지만 기쁨은 그리 오래가지 않았지요.

4주차, 다시 게으름이 찾아오다

습관 만들기 4주차에 변수가 발생했습니다. 초등학교 1학년인 아이의 여름방학이 끝났습니다. 다시 규칙적인 학교 수업에 적응해야 할 시간이 온 것이죠. 지켜야 할 규칙이 많은 학교라는 일상 속으로 다시 합류하면 심적으로도 지치고 자유시간도 그만큼 빼앗기게 되니까요.

역시 새학기가 시작되면서 게으름을 피우기 시작했습니다. 처음으로 습관 2개를 실패했습니다. 8월 23일(화)과 25일(목) 그림일기 ① 및 그림일기②를 실천하지 않았습니다.

그 이유를 물으니 학교 수업으로 피곤하다고 퉁명스럽게 대답했습니다. 그래서 격려와 위로 차원에서 아직 기회가 남아 있다고 알려주면서, 이번주 안에 아무 날이나 다시 실천하면 된다고 웃으며 격려했습니다. 그러자 아이가 피곤한 듯 대답했습니다.

"아빠, 그냥 '그림일기'에 X 표시를 할래요~!"

"무슨 이유라도 있니? 피곤하면 다른 날로 옮겨서 해도 되는데?"

"방학 끝났잖아요. 그림일기 이젠 안 해도 돼요."

아이의 대답에 할 말을 잃고 멍해졌습니다. 잠시 그 말을 해석하려고 머릿속이 바쁘게 돌아갔습니다. 방학숙제로 그림일기 쓰기를 실천

4주차

습관 목록		8/22(월)	8/23(화)	8/24(수)	8/25(목)	8/26(금)	8/27(토)	총점
		아빠는 노트 선생님	그림일기 ①	독서록	그림일기 ②	수학탐구	대화탐구	
성공 (O,X)	결과	O	X	O	X	O	O	68점 (4/6)
	실패 이유		방학이 끝나서		방학이 끝나서			
실패할 경우, 언제 다시 할 건가요?					실천날짜 8/27(토)			

* 은율이가 처음으로 습관 2개를 실천하지 않았습니다.

했지만, 이제 방학이 끝났으니 할 이유가 없어졌다는 그럴싸한 핑계로 저를 설득하려고 시도하고 있다는 생각이 들었습니다.

그 순간 김건모의 〈핑계〉란 노래가 떠올랐고, '내게 그런 핑계 대지 마'라는 노래 가사가 입으로 나오려는 순간, '아이는 감정에 대한 공감과 수용을 받고 안정이 되면 상황을 좀 더 통찰할 수 있다'라는 최성애 박사의 말을 떠올리며 간신히 참아냈습니다. 이럴 때 부모는 해결사로 나서기보다는 다음과 같은 질문을 하면 좋다고 합니다.

"그럼 어떻게 하면 좋을까? 네 생각은 어떠니?"

우선 아이의 감정을 인정해주기로 결심했습니다.

"그래? 그럼일기 쓰기가 힘들었구나~."

그리고 이렇게 물었습니다.

"그럼 그림일기 말고 다른 습관으로 무얼 하면 좋을까?"

곰곰이 생각하던 아이가 고민 끝에 입을 엽니다.

"응~ 책 읽는 걸로 할게요."

그래서 그림일기 쓰기 습관은 실패했지만, 대신 책 읽기로 대체하여 습관을 지속해나갈 수 있었습니다.

감정코칭도 힘들고, 습관 만들기도 힘든 한 주였지만, 습관을 지키는 것이 아이에게 부담이 될 수도 있다는 생각을 하게 되었습니다. 왜냐하면 작은 습관의 핵심은 아주 작고 쉬운 습관을 선정한 후 매일 100% 성공하는 것인데, 처음부터 너무 욕심을 부린 것은 아닌지 반성하게 되었습니다.

5, 6주차
: 보상이라는 강력한 동기부여

습관 실천의 동기를 잃어가는 아이

아이 습관 만들기 프로젝트를 시작한 지 5주차가 되었습니다. 지난주에는 개학과 동시에 위기를 맞이했지요. 학교 수업으로 피곤한 나머지 이틀이나 포기했습니다. 겉으로 나타난 결과는 고작 2개의 습관을 실천하지 않은 것이지만, 그 속내를 살펴보면 상처 딱지 밑에 고름이 꽉 찬 것처럼 아이는 지쳐 있었고 귀찮아하고 있었습니다.

한계가 찾아온 것일까 고민을 하게 되었습니다. 호기심으로 아빠의 메모 노트를 따라하며 시작한 습관 만들기. 그 놀랍던 동기의 유통기한은 여기까지였던 것일까요?

아이는 점점 동기를 상실해가고 있었고, 초반의 흥미와 열정도 식어가는 위험한 상태에 다다른 것입니다. 특단의 조치가 필요한 시점이었지만, 뾰족한 방법이 생각나지 않아 고민만 하며 시간만 흘려보냈습니다.

딸에게 보상을 제안한 이유

그러던 중 휴일에 가족 모두 백화점에 들렀습니다. 여기저기 구경을 하고 있었는데, 은율이가 갑자기 한 상점 앞에서 멈춰선 채 움직이질 않았습니다. 시선을 따라가보니 진열대에 예쁜 분홍색 운동화가 가지런히 놓여 있었습니다. 아이는 온 마음을 운동화에 빼앗긴 채 저를 응시하더니, 생일선물로 꼭 저 운동화를 사달라고 졸라대기 시작했습니다. 그래서 아이에게 제안했습니다.

"저 운동화를 갖고 싶구나? 그렇지만 너무 비싸니 네가 돈을 모아서 사면 어떨까?"

머릿속에 온통 어떻게 하면 아이의 사라져가는 동기를 되살릴 수 있을까 고민하고 있던 터라, 마침 다가온 기회 앞에서 기지를 발휘해 저도 모르게 뜻밖의 제안을 했던 것입니다. 그러자 아이는 호기심 반 투덜거림 반이 섞인 목소리로 물었습니다.

"돈을 어떻게 모아요?"

"음……, 매일 1가지 습관을 실천하면 천 원씩 줄게. 일주일에 6개 모두 실천하면 6천 원을 벌 수 있고, 한 달이면 2만 4천 원이야. 어떻게 생각해?"

"응. 좋아요~."

곰곰이 생각해보니 그동안 아이에게는 보상이 없었습니다. 습관 형성에는 '신호 → 반복 → 보상'의 싸이클이 중요한데 말입니다.

외적 보상에서 주의할 점

육아 전문가들은 "울음을 그치면 아이스크림 사줄게"와 같이 아이의 감정을 유괴하는 방법은 감정 치유가 제대로 되지 않아 결국 성숙한 인간으로 키워내지 못할 수 있으므로 경계해야 한다고도 합니다.

저와 은율이의 약속이 감정을 유괴하는 방법과 다른 점은 아이의 욕망을 공감해주었다는 것입니다. 무엇보다 일시적인 욕구 충족이 아니라 계획에 따라 실천과 반복, 보상의 싸이클을 거쳐 욕망의 전철을 타고 목표에 다다르도록 동기부여를 해주었다는 것이 차이점입니다.

자동차는 오랫동안 시동을 걸지 않고 방치해놓거나, 깜박하고 실내등을 켜고 집에 들어가면 배터리가 방전되어 시동이 걸리지 않을 수 있습니다. 이럴 경우 보통 보험회사 긴급 출동 서비스를 불러서 배터리를 충전합니다. 또는 방전된 차량의 배터리에 다른 자동차의 배터리를 점프선으로 연결하여 충전시켜야 다시 시동이 걸립니다. 결국 방전된 배터리는 외부의 배터리를 이용하여 충전을 해주어야만 다시 생명을 얻을 수 있는 것입니다.

동기는 내적 동기와 외적 동기로 구분됩니다. 내적 동기는 새로운 행동에 대한 흥미, 재미, 성장에 대한 만족과 같이 누구의 강압적 지시나 명령 없이도 개인이 자발적으로 스스로 원해서 행동에 참여하는 것을 말합니다. 반면 외적 동기는 물질적 보상이나 성적 향상, 자격증 또는 칭찬과 같이 외부적인 결과물을 얻기 위해서 새로운 행동에 참여하는 것입니다.

여러 동기부여 전문가들과 관련 서적을 참고하더라도, 한결같이 어떤 목표를 달성하기 위해서는 장기적으로 외적 동기보다는 내적 동기가 충만해야만 오랫동안 새로운 행동을 지속할 의미가 부여된다고 합니다. 다시 말해 내적 동기의 영향력이 훨씬 더 강하다는 것입니다.

외적 보상, 때로는 충전기가 될 수도 있다

하지만 방전된 배터리처럼 에너지가 완전히 소진되어 시동이 걸리지 않는다면, 내적 동기만으로 자동차가 다시 엔진을 작동하여 움직일 수 있을까요? 배터리가 방전된 상황에서는 내적 동기의 강력한 영향력만으로는 한계가 있습니다.

아이 습관 만들기 프로젝트에 지쳐가고 있던 아이는 내적 동기만으로는 더 이상 지속할 수 없는 상태가 되었습니다. 그래서 외부 배터리를 이용한 충전처럼, 무기력해진 아이에게 일시적인 외부 충격, 즉 분홍색 운동화라는 외적 동기가 필요하다는 생각이 들었습니다.

물론 외적 보상이 최선이 아님을 잘 알고 있습니다. 그렇지만 이 외적 보상에 대한 실험을 통해 시행착오를 겪더라도 소중한 교훈을 깨닫게 될 것이라 믿었습니다.

지금까지 2년 동안 은율이가 포기하지 않고 꾸준히 습관 만들기를 실천하고 있다는 사실은, 어쩌면 당시 외적 보상이 최선의 선택은 아니었을지 몰라도, 습관을 포기하지 않고 지속하게 한 효과적인 방법 중 하나였음을 증명하는 것이 아닐까요?

5주차, 다시 힘을 내기 시작하다

분홍색 운동화에 대한 욕망이라는 아름다운 동기부여로 다시 시작한 첫 주. 은율이의 동기는 펄떡거리는 물고기처럼 힘이 넘쳐납니다.

다음의 습관 계획표에서 볼 수 있듯, 5주차 습관 실천 결과는 100점이었습니다. 비록 9월 1일(목)에 하기로 한 책 읽기를 3일(토)에 실천했지만, 습관을 실천하면서 가끔 투덜대던 모습이 사라진 것도 중요한 변화였습니다.

저는 아이의 방 문에 분홍색 운동화 사진을 인쇄하여 붙여놓았습니다. 이 사진 한 장은 아이의 습관 실천에 엄청난 영향력을 행사했습니다. 『꿈꾸는 다락방』의 이지성 작가는 "생생하게(Vivid) 꿈꾸면(Dream) 이루어진다(Realization)"라고 강조한 바 있습니다.

동기부여가 아이에게 어떤 영향을 주는지, 서울대학교 수학과에 입학한 한 학생의 이야기를 들어보겠습니다.

고등학교 1학년 2학기 진로 수업시간에 대입에 대한 설명을 들은 이후에 동기가 생겼습니다.

학교라는 공간이 좋아서 교사가 되고 싶다는 생각을 막연하게 했

5주차

	8/29(월)	8/30(화)	8/31(수)	9/1(목)	9/2(금)	9/3(토)	총점
습관 목록	아빠는 노트 선생님	책읽기	독서록	책읽기	수학탐구	대화탐구	
성공 (O,X) 결과	O	O	O	O	O	O	100점 (6/6)
실패 이유							
실패할 경우, 언제 다시 할 건가요?				실천날짜 9/3(토)			

* 5주차에는 운동화라는 외적 보상으로 다시 힘내어 목표를 100% 달성했습니다.

습관 5주차에 아이 방 문에 붙여놓은 운동화 사진

지만, 1학년 1학기 성적이 좋지 않았습니다. 하지만 매 학기 조금씩 발전한다면, 서울대에 진학할 가능성도 있는 성적이라는 이야기를 듣고, 꿈처럼만 여겨지던 학교가 현실이 될 수도 있다는 생각에 도전해보고 싶은 마음이 들어 꾸준히 공부하기 시작했습니다. (서울대 유모 학생, 필자의 이메일 설문조사 중, 2018년 3월)

생텍쥐페리가 "만약 배를 만들고 싶다면 목재를 마련해오라고 하고 임무를 부여하고 일을 분배할 것이 아니라, 무한히 넓은 바다에 대한 동경을 보여줘라"라고 말한 것처럼, 어떤 일이든 내면에서 스스로 목표가 싹터야 하고 그것이 확실해야 원하는 바를 성취할 수 있습니다.

아이 방 문의 분홍색 운동화 사진 – 사진으로 VD하기

저는 아이에게 R(Realization)=VD(Vivid Dream) 기법 중 하나인 '사진으로 VD하기'를 적용 중입니다. 목표가 있어야 그 목표 대비 나의 현재 실력이 어디인지 확인해볼 수 있고, 얼마나 부족한지 뼈저리게 느낄 수 있습니다. 내가 아는 것과 모르는 것이 무엇인지 객관적으로 아는 메타인지가 형성된 사람만이 스스로 목표를 향해 도전하고 노력하게 됩니다.

퇴근하고 나면 아이의 습관 계획표를 습관처럼 살펴보곤 했습니다. 그 전에는 퇴근 시간인 저녁 8~9시까지 습관을 실천하지 않았

6주차

	9/5(월)	9/6(화)	9/7(수)	9/8(목)	9/9(금)	9/10(토)	총점
습관 목록	독서록	책읽기	아빠는 노트 선생님	그림일기	수학탐구	대화탐구	
성공 (O,X) 결과	O	O	O	O	O	O	100점 (6/6)
실패 이유							
실패할 경우, 언제 다시 할 건가요?			실천날짜 9/8(목)				

* 분홍색 운동화 사진 한 장으로 6주차에도 목표를 100% 달성했습니다.

으면 아이와 실랑이를 벌였습니다. 하지만 아이의 방 문에 붙인 분홍색 운동화 사진 한 장으로 그런 실랑이는 과거가 되었습니다. 그 결과 습관 만들기 6주차는 아이와 갈등 없이 100% 성공이라는 결과물을 만들어냈습니다.

7주차
: 은율이의 말 "나는 포기하지 않는다"

사례 습관 만들기 7주차는 추석 연휴였습니다. 그런데 안타깝게도 은율이가 형광등을 갖고 있다가 사고를 당했습니다. 형광등이 바닥에 떨어지면서 깨졌고, 아찔하게도 파편이 오른쪽 새끼발가락에 박혀서 응급실에서 국부 마취까지 하며 상처를 꿰매는 수술을 받아야 했지요. 그래서 이날은 습관 실천을 쉽게 하려고 했습니다.

"은율아, 다리 다쳤으니 이번주는 습관 만들기 쉴까?"

하지만 아이는 아무렇지 않다는 듯이 대답했습니다.

"아니. 그냥 해야지요~."

아이는 말이 끝나기가 무섭게 책 읽기를 시작했습니다. 추석 연휴로 금요일과 토요일 모두 학원이 쉬는 바람에, 대체 습관으로 '속담 3개 외우기'와 '글씨 쓰기 연습'(1장)으로 실천했습니다. 딸이 '글씨 쓰기

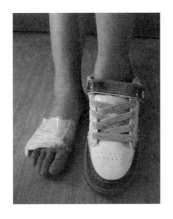

연습'으로 작성한 글의 내용은 아래와 같습니다.

발을 다쳐서 꿰맨 후의 모습

나는 가족이 좋다. 나는 습관 들이기를 한다.
나는 그림 일기, 책 읽기, 아빠는 노트 선생님을 한다.
나는 색종이를 잘 못 접는다. 나는 학교에 간다.
나는 다리를 다쳤다. 난 단발머리다.
나는 더위를 잘 타고 그림을 잘 그린다.
나는 하늘색을 좋아한다.
난 매운 것을 좋아한다. 난 간장 게장을 좋아한다.
나는 포기하지 않는다.
나는 11시에 잔다. 나는 새가 동물 중에서 제일 좋다.
나는 공예를 좋아한다. 나는 시계를 자주 본다.

아이가 실천한 글씨 쓰기 연습의 내용을 보다가 제 눈을 사로잡은 문장이 있었습니다. 밑에서 3번째 줄에는 이렇게 쓰여 있었습니다.

'나는 포기하지 않는다'

속으로 앞에서 소개한 문장을 몇 번을 읽고 또 읽었는지 모릅니다. 놀라고 아픈 상황에서도 습관을 포기하지 않고 실천한 은율이가 고맙고 미안하고 너무나 사랑스러웠습니다. 습관 계획표에서도 볼 수 있듯, 7주차에도 습관을 100% 실천했습니다.

9월 13일(화)에 실천한 그림일기에도 포기하지 않았다는 내용이 등장합니다.

근데 해바라기를 세 개 만드는 데 힘든 것 같다. 그래도 포기하지 않았다.

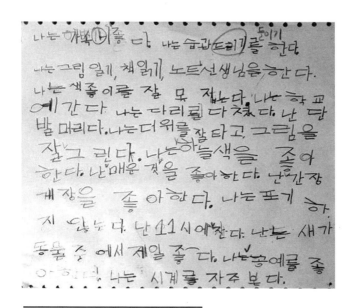

습관 실천 7주차에 아이가 쓴 '글씨 쓰기 연습'

7주차

	9/12(월)	9/13(화)	9/14(수)	9/15(목)	9/16(금)	9/17(토)	총점
습관 목록	아빠는 노트 선생님	그림일기	독서록	책읽기	속담	글씨연습	
성공(O,X) 결과	O	O	O	O	O	O	100점 (6/6)
성공(O,X) 실패 이유					대체 습관		
실패할 경우, 언제 다시 할 건가요?			실천날짜 9/16(금)				

*추석 연휴라서 대체 습관을 실천한 경우입니다. 미리 대체 습관을 정해놓는 것이 좋습니다.

아이가 쓴 그림일기에도 역시 '포기하지 않았다'는 말이 등장합니다.

8, 9주차
: 습관 실천 품질에 문제가 발생하다

실천 꾸준한 실천, 근데 왜 품질이 떨어졌을까?

은율이는 아찔했던 사고 뒤에도 습관을 계속 실천했습니다. 벌써 8주가 되도록 포기하지 않고 지속해온 것입니다. 매일 습관을 실천해야 한다는 약속을 잘 지켜내는 것이 대견스러웠습니다.

무엇보다도 아이 습관 만들기 프로젝트를 통해 책임감과 성실성도 덩달아 키워지는 1석3조의 효과가 있어 더 뿌듯했습니다. 8주차에도 습관 실천 100%를 달성했습니다.

그런데 독서록뿐만 아니라 그림일기, '아빠는 노트 선생님' 습관을 모두 실천은 했지만 내용이 너무 성의가 없었습니다. 요령이 생겼는지, 습관의 품질에 쏟는 정성이 예전 같지 않았습니다.

8주차

	9/19(월)	9/20(화)	9/21(수)	9/22(목)	9/23(금)	9/24(토)	총점
습관 목록	책읽기	그림일기	아빠는 노트 선생님	독서록	수학탐구	대화탐구	
성공 (O,X) 결과	O	O	O	O	O	O	100점 (6/6)
실패 이유			내용 부실				
실패할 경우, 언제 다시 할 건가요?							

* 8주차에는 습관을 100% 실천했지만 그림일기, 독서록 등의 내용이 부실했습니다.

당시 저는 업무가 바쁘고 출장이 많아져서 온통 정신이 회사 일에 쏠려 있었습니다. 그런데 그 틈을 타서 아이는 더 노골적으로 변했습니다. 다음 9주차에도 내내 출장이어서 아이가 더 심하게 변하지 않았을까 걱정이 컸습니다.

가이드라인을 만들다

아빠의 직감으로 이 시점에 한 단계 성장을 위한 피드백이 필요하다는 생각이 들었습니다. 그래서 습관 목록 중에서 특히 피드백이 필요하다고 느낀 독서록과 '아빠는 노트 선생님' 노트에 '작성 가이드라인'을 직접 적어주었습니다.

독서록의 4가지 가이드라인

독서록의 경우에는 책을 읽고 어떤 내용을 써야 한다는 방향성이 없다 보니, 아이가 독서록을 어떻게 시작해야 할지 막막해하는 경우가 있었습니다. 그래서 독서록에 꼭 썼으면 하는 내용을 적었습니다. 책을 읽을 때 그 부분을 염두에 두면서 읽게 하려는 의도도 있었습니다.

> 독서록 쓸 때 꼭 보세요.
> 1. 주인공은 누구인가요?
> 2. 새로 배운 것은 무엇인가요?
> 3. 그림으로 그리고 싶은 장면은 무엇인가요?
> 4. 그 이유는 무엇인가요?

'아빠는 노트 선생님'의 3가지 가이드라인

'아빠는 노트 선생님'의 경우에도 가이드라인이 없다 보니 점점 정성이 사라져가고 내용도 부실해졌습니다. 그래서 다음과 같이 일정한 형식을 만들어주었습니다.

> '아빠는 노트 선생님' 쓸 때 꼭 보세요.
> 1. 어디서 찾았나요? 모르는 단어를 발견한 문장을 쓰세요.
> 2. 은율이의 생각을 먼저 쓰고,

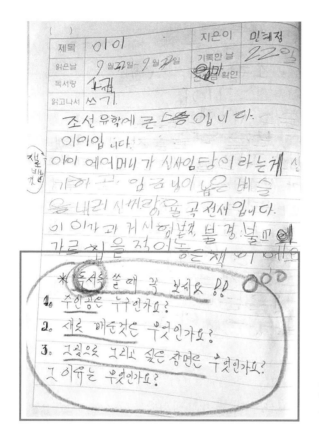

아이의 독서록에 적어준
가이드라인

사전을 찾은 다음에 은율이의 생각과 비교해보세요.

3. 이제 뜻을 알았으니, 그 단어를 사용하여 예문을 1개 만들어보세요.

이렇게 가이드라인을 노트에 적은 다음 아이의 동의를 구했습
니다. 독서록과 '아빠는 노트 선생님'을 쓸 때는 이 가이드라인들을 참
고하여 성의 있게 실천하자고 했습니다. 아이도 양심에 걸렸는지 큰

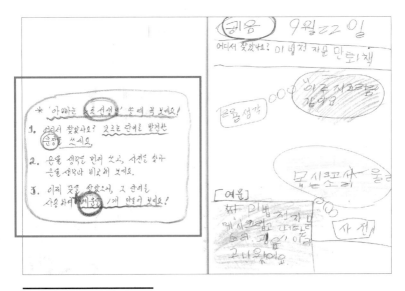

'아빠는 노트 선생님'의 가이드라인

반감을 보이지 않고 받아들였습니다.

피드백 없이 습관을 단순히 반복하는 것만으로는 발전할 수 없습니다. 그래서 목적의식 있는 연습이 필요하다는 생각이 들었습니다. 다음 주에 가이드라인이 얼마나 효력을 발휘할지 지켜보는 것도 큰 재미가 있을 것 같았습니다.

9주차, 교육의 10분의 9는 격려이다

습관을 실천한 지 2개월 남짓 지난 9주차, 저는 일주일 내내 지방출장 중이었습니다. 화요일쯤 은율이와 통화를 했는데 습관을 실천하지 않고 놀고 있더군요. 언제 할 건지 문자 전화를 끊으면 바로 하겠다고 했습니다. 하지만 그때 저는 벌써 약발이 다했구나 하는 것을 직감했습니다. 왜냐하면 아이는 그동안 탐내던 분홍색 운동화를 결국 손에 넣었고, 다친 새끼발가락도 이제 뛰어다닐 수 있을 만큼 회복한 뒤였으니까요.

아이는 배고픈 소크라테스에서 배부른 돼지가 되어버렸습니다. 결론적으로는 독서록 1개만 실패했지만, 3일 동안 습관을 지키지 않고 뒤로 미루다가 금요일에 3개를 한꺼번에 하겠다고 해놓고는, 간신히 그림일기와 '아빠는 노트 선생님' 등 2개만 했거든요.

독서록 습관의 실패 이유를 보니 이렇게 적혀 있었습니다.

"까먹어서입니다.

아님 하기 싫어서입니다."

9주차

습관 목록	9/26(월) 책읽기 (에디슨)	9/27(화) 그림일기	9/28(수) 아빠는 노트선생님	9/29(목) 독서록	9/30(금) 수학탐구	10/1(토) 대화탐구	총점
결과	O	O	O	X	O	O	
성공 (O,X) 실패 이유				까먹어서입니다. 아님 하기 싫어서입니다.			84점 (5/6)
실패할 경우, 언제 다시 할 건가요?		실천날짜 9/30(금)		실천날짜 9/30(금)			

* 외적 보상인 운동화의 약발이 떨어진 상태입니다. 부모의 대책이 필요한 단계죠.

이때쯤에는 독서록을 왜 하기 싫은지, 자꾸 안 하는 이유는 뭔지 곰곰이 생각해보고 아이와 대화도 해봐야 하는 시점입니다. 이런 시기에 특히 부모에게 필요한 것은 아나톨 프랑스의 말인 듯합니다.

"교육의 10분의 9는 격려이다."

3개월부터 6개월
: 자율성의 힘

어느덧 아이 습관 만들기 프로젝트는 15주차를 맞이했습니다. 15주차까지 오면서 위기도 있었고 신경전도 있었지만, 이 프로젝트를 시작하기를 정말 잘했다는 생각이 들었습니다. 그 이유 중 하나를 발견했기 때문입니다.

14주차까지는 제가 습관 계획표 양식을 그려주었습니다. 그런데 15주차에 깜빡하고 그려주지 못했는데, 아이가 직접 자기 손으로 습관 계획표를 그려서 실천했던 것입니다. 아빠가 계획표를 그려주지 않아서 습관을 실천할 수 없었다고 핑계를 댈 수도 있었을 텐데, 그런 수동적인 자세를 취하지 않은 데 놀랐습니다. 아이에게 확인을 하고자 물었습니다.

"은율아~, 이 습관 계획표 직접 그린 거야?"

그러자 아이는 입가에 미소를 머금으며 의기양양하게 대답했습니다.

"응~ 내가 그렸어요. 습관을 실천하려면 그려야지요~."

프로젝트 초반에 아이가 습관을 실천하는 동기는 갖고 싶은 분홍색 운동화였습니다. 부모가 바로 사주지 않고 직접 돈을 모아 사도록 권유했고, 하루에 하나의 습관을 성공할 경우 보상으로 천 원씩 주었기 때문입니다. 결국 아이는 습관을 몇 주 동안 성공적으로 실천해서 돈을 모았고, 그 돈으로 분홍색 운동화를 손에 넣었습니다.

그때가 습관 프로젝트를 시작한 지 3개월이 다 되어가던 때입니다. 어느새 돈이라는 보상보다는 습관 자체가 일상으로 자리잡았습니다. 습관 실천에 대한 동기가 점차 시들해지던 시기에, 마중물처럼 약간의 흥미를 유발할 필요가 있어서 선택했던 물질적 보상(운동화)에 대한 기대가 사라져버렸는데도 자기주도적으로 습관을 실천한 것입니다. 이미 아이의 마음속에 내적 동기가 단단하게 자리잡은 것입니다. 내적 동기는 자율성에 기반하고 있기 때문입니다.

은율이가 아빠가 그려주던 습관 계획표를 직접 그린 다음 결과를 기록한 것처럼, 강제성 없이 스스로 원해서 행동에 참여하는 자율성은 내적 동기의 강력한 증거입니다.

성인을 위한 습관홈트 프로그램에 참가했던 1기 참가자들도 3개월째(약 12주)에 죽음의 계곡(50% 중도 포기, 습관 성공률 급락)을 경험하였듯, 아이도 3개월을 넘기고 나서야 안정적인 궤도에 진입했던 것입니다.

15주차

> 은율이가 처음으로 직접 그린 습관 계획표

	11/7(월)	11/8(화)	11/9(수)	11/10(목)	11/11(금)	11/12(토)	총점
습관 목록	책읽기	독서록	줄넘기 20번	그림일기	아빠는 노트 선생님	대화탐구	
성공 (O,X) 결과	O	O	O	O	O	O	100점 (6/6)
실패 이유							
실패할 경우, 언제 다시 할 건가요?							

* 15주가 되자 은율이가 처음으로 습관 계획표를 직접 그렸습니다. 습관이 안정 궤도에 들어선 것입니다.

5개월차, 어느새 자리 잡은 일상

5개월이 지나면서 은율이는 습관 계획표도 스스로 작성하고 매일의 습관도 알아서 실천했습니다. 억지로 의무감에 하는 날도 있긴 했지만, 습관에 대한 거부감은 많이 줄어든 것 같았습니다.

가끔 사촌 언니와 사촌 동생들이 집에 놀러옵니다. 그런 날이면 정신없이 떠들고 놀며, 조금 조용히 놀라고 해봐도 듣는 둥 마는 둥 그저 신나기만 합니다. 그런데 한번은 무심결에 물어보았습니다.

"은율아. 오늘 습관 실천했어?"

그 순간 은율이가 "아 맞다. 오늘 안 했네"라고 말하고는 바로 자기 방으로 들어갔습니다. 시끄럽던 집이 순간 다시 고요해졌습니다.

이제 은율이는 습관을 반드시 실천해야만 하는 하루의 일과라고 여기게 된 것이지요. 아이에게 사촌들과 노는 즐거움이 얼마나 큰지 잘 압니다. 신나게 웃고 떠들며 장난치다가 습관을 실천하려고 멈춰야 하는 고통이 얼마나 큰지도 충분히 이해가 갑니다.

물론 가끔은 10분만 더 놀고 나서 하겠다고 귀여운 협상을 할 때도 있습니다. 중요한 것은 아이가 습관이 주는 기쁨의 맛이 무엇인지 알아가고 있다는 것입니다. 거부감은 연기처럼 사라져버렸고 습관이 단단히 형성되어가고 있음에 대견했습니다.

은율이와 습관 만들기 프로젝트를 처음 시작했던 때로 기억을 더듬어 올라가보았습니다. 그 첫 출발은 제 메모 노트를 따라 은율이도

사촌들과 놀다가도 자리에 앉아
그날의 습관을 지킨 은율이.

자기 노트에 모르는 단어 1개를 쓰는 것이었지만, 그것이 가져온 변화는 놀라웠습니다.

은율이는 계속해서 일주일에 매일 1개씩 6개의 습관을 실천하고 있습니다. 단 일요일에는 습관을 실천하지 않고 하루 푹 쉬면서 재충전을 합니다. 그래야 다음 주에 다시 활기차게 습관을 실천할 힘을 얻기 때문입니다.

6개월부터 1년
: 아빠의 반성과 피드백의 힘

우리는 살면서 '무언가가 빠졌다'는 느낌을 받을 때가 가끔 있습니다. 자주 가는 단골집의 설렁탕 국물이 오늘따라 뭔가 허전하단 느낌이 들 때가 있지요. 어떤 재료가 바뀌거나 아예 빠진 듯한데, 그게 정확히 무엇인지는 잘 모릅니다.

또는 오랜만에 가족과 함께 해외여행을 가기로 했는데, 공항으로 이동하는 차 안에서 허전하다는 느낌이 들 때도 있습니다. 뭔가 빼놓고 온 물건이 있는 것 같아 찜찜하지만, 그것이 무엇인지 선뜻 떠오르지 않아 마음 한편이 계속 불안했던 경험 말이지요.

저도 은율이와 습관 만들기 프로젝트를 진행하면서 무엇인가 빠진 듯한 느낌이 계속 들었습니다. 하지만 그것이 구체적으로 뭔지 알아내지 못한 채 10개월 정도를 흘려보내고 있었습니다.

피터 드러커와 엘자 선생님

그러던 어느 날, 피터 드러커(Peter Drucker) 교수의 '피드백 분석'에 대해 읽게 되었고, 그 순간 제 뇌는 소리 없는 함성을 질러대기 시작했습니다.

'그래~ 바로 이거야. 피드백 분석이야말로 아이의 성장을 도와줄 거야~!'

경영학의 아버지 피터 드러커 교수에 따르면, 피드백 분석이란 '본인이 예상하는 결과를 미리 기록해두고, 일정 기간 후 그것과 실제 결과를 비교해보는 것'입니다. 아사카 다카시가 쓴 『드러커 피드백 수첩』에는 다음과 같은 말이 나옵니다.

> 필요한 것은 단지 자신을 있는 그대로 관찰하는 습관이다. 자신의 참모습을 있는 그대로 받아들일 수 있어야 한다. (아사카 다카시, 『드러커 피드백 수첩』, 김윤수 역, 청림출판, 2017년, 196쪽)

그런데 관찰하는 습관이 형성되려면 혼자의 힘으로는 한계가 있습니다. 누군가의 도움이 필요합니다. 피터 드러커 교수가 '피드백 분석'을 창안해내는 데 결정적 도움을 준 사람은 바로 초등학교 때 담임이었던 엘자 선생님입니다.

엘자 선생님은 피터 드러커의 작문 실력을 보고, 어떻게 하면 강점을 더 향상시켜줄지 고민했습니다. 그녀는 2권의 노트를 준비한 다음

1권은 피터 드러커에게 주면서 일주일 동안의 성과와 다음 주 목표를 쓰도록 하고, 나머지 1권에는 그녀가 피터 드러커의 노트를 읽고 난 뒤 느낀 점과 기대사항을 적어서 보여주었습니다.

피터 드러커는 이렇게 매주 노트에 목표와 성과를 적고, 엘자 선생님의 피드백을 통해 자신의 성장을 눈으로 확인할 수 있었으며 부족한 부분은 개선하려고 더 노력하게 되었습니다. 결국 이러한 경험들이 쌓여 피드백 분석을 창안해냈고, 평생 동안 직접 피드백 분석을 실천하며 살았습니다. 반면, 저는 이제까지 아이에게 습관을 실천하라고만 알려주었지, 올바른 피드백을 주지 못했습니다. 필요성도 방법도 알지 못했지요.

아빠의 반성

고백하자면, 사실 저는 그동안 생각날 때마다 아이의 습관 실천 결과에 대해 말로 어느 정도 피드백을 주었다고 생각했습니다. 그런데 아이에게는 그것이 잔소리로 들렸나 봅니다. 그때까지 제가 한 것은 공감과 칭찬은 건너뛰고, 아이의 잘못과 제 희망사항만 속사포처럼 쏟아낸 것이었기 때문입니다.

피드백을 그런 식의 말로 전달했더니 아이도 딴짓을 하며 주의 깊게 듣지 않았습니다. '피드백'이라고 하기에도 부끄러운, 허울뿐인 잔소리에 지나지 않았던 것입니다. 그나마 다행인 것은 피터 드러커 교수의 피드백 분석을 알게 된 후, 피드백의 내용도 중요하지만 전달하는 방법도 그에 못지않게 중요하다는 점을 깨달았다는 것입니다.

아빠의 피드백 노트를 만들다

피터 드러커의 피드백 분석에 대해 알게 된 후, 저는 '피드백 노트'를 쓰기로 맘먹었습니다. 이번 일주일 동안의 습관 실천 결과, 그리고 다음 주 습관 계획에 대해 피드백을 해주면 성장에 커다란 디딤돌이 될 것이란 확신이 들었습니다.

무엇보다도 '피드백 노트'에는 아빠의 칭찬과 격려, 그리고 아이의 성공 기억이 고스란히 담길 듯했습니다. 아이가 살아가면서 지치고 힘든 순간에 펼쳐보면 다시 도전할 용기를 되살려주는 '마법의 노트'가 될 것이란 기대감에 들떴습니다.

마치 이사할 때 사기그릇이나 유리 제품은 충격 완충제로 포장해야 배달 과정에서 깨지지 않듯, 피드백도 나의 입에서 다른 사람의 귀로 이동하는 과정에서 진심이 제대로 포장되지 않으면 둘의 관계만 깨질 수 있습니다. 그래서 전달하는 과정에서 잔소리처럼 들리는 말보다, 글로 적어 피드백을 전달하는 것이 효과적일 듯했습니다.

매니지먼트 컨설턴트인 마크 로젠은 〈말하는 능력을 상실한 이후 코칭에 대해 내가 배운 것들〉이라는 칼럼에서 글로 코칭하는 것의 장점에 대하여 이렇게 고백했습니다.(Mark Rosen, "What I learned about coaching after losing the ability to speak", *Harvard Business Review*, 2017년 9월)

첫째, 글로 코칭하면 서로의 얼굴을 보고 코칭할 때보다 심리적 안

정감이 더 커지기에, 사람들이 더 많은 이야기를 하게 되고 고객과 컨설턴트 사이에 신뢰가 더욱 커진다고 합니다.

둘째, 글을 통해 사람들은 더 잘 들을 수 있습니다. 비주얼적인 방해요소나 주변에서 내는 소리를 듣지 않고 상대방의 글만 보면서 온전히 집중할 수 있습니다.

셋째, 글로 표현하면 서로의 이야기가 더 정확하게 전달된다는 점 역시 장점 중 하나입니다.

마지막 장점은 바로 책임감이 더 커진다는 것입니다. 글로 남기면 나중에 다른 말을 하기가 더 힘들고, 이렇게 목표를 글로 적어놓으면 자신이 목표 달성에 얼마나 가까이 왔는지도 알 수 있습니다.

피드백 노트 활용법

며칠 뒤 노트를 1권 구입한 다음 '아빠의 생각'이라고 제목을 적었습니다. 그리고 진심이 담긴 조언과 기대사항을 노트에 기록했습니다. 이렇게 피드백을 말 대신 글로 적어주면, 아이가 기분이 내킬 때 언제나 그 노트를 펼쳐볼 수 있다는 것도 좋은 점입니다.

옆의 사진은 38주차 습관 실천 결과에 대한 피드백 노트입니다.

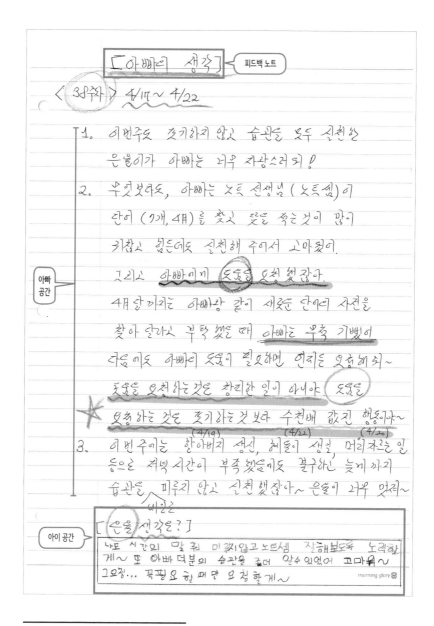

[아빠의 생각] <아빠 공간> 피드백 노트

< 38주차 > 4/17 ~ 4/22

1. 이번주도 줄기하지 않고 습관을 모두 실천한 은율이가 아빠는 너무 자랑스러워!

2. 무엇보다도, 아빠는 노트 선생님 (노트쌤)이 단어 (7개, 4개) 를 찾고 뜻을 쓰는 것이 많이 귀찮고 힘든데도 실천해 주어서 고마웠어. 그리고 아빠에게 도움을 요청 했잖아. 4월 말까지는 아빠랑 같이 새로운 단어의 사전을 찾아 달라고 부탁 했을 때 아빠는 무척 기뻤어 다음에도 아빠의 도움이 필요하면 언제든 요청해 줘~ 도움을 요청하는 것은 창피한 일이 아니야. 도움을 요청 하는 것은 줄기하는 것 보다 수천배 값진 행동이야~

(4/14)   (4/22)   (4/20)

3. 이번주에는 할아버지 생신, 예슬이 생일, 머리자르는 일 등으로 저녁 시간이 부족 했음에도 불구하고 늦게 까지 습관을 미루지 않고 실천 했잖아~ 은율이 너무 멋져~

아빠가

[은율 생각은?]

나도 시간이 말 줘 미루지 않고 노트쌤 잘해보도록 노력할 게~ 또 아빠 덕분의 습관을 좀더 알수 있었어 고마워~ 그요청... 꼭 필요 할 때 만 요청 할게~

morning glory

38주차에 마련한 '아빠의 생각' 피드백 노트

부모와 아이의 피드백 대화

피드백 노트의 특징 중 하나는 아빠의 생각을 적을 수 있는 공간, 그리고 아이의 생각을 적을 수 있는 공간이 함께 있다는 점입니다.

노트의 상단에는 아빠의 생각을 먼저 적고, 맨 마지막 하단부에 은율이가 자신의 생각을 적도록 빈 칸을 만들어놓았습니다. 그 이유는 피드백 노트도 아빠와 아이의 소중한 의사소통 채널이기 때문에, 아빠의 생각에 대하여 아이가 어떻게 생각하는지 무척 궁금했기 때문입니다.

그런데 처음 3주 동안은 피드백 노트에서 아이의 생각을 눈곱만큼도 찾아볼 수 없었습니다. 실망스러운 마음이 들기는 했지만, 그렇다고 강요할 수는 없었습니다.

아빠의 피드백에 딸이 답하다

그러던 어느 날, '아빠의 생각' 피드백 노트를 시작한 지 4주 만에 노트에 달랑 2줄이지만 드디어 은율이의 생각이 처음으로 등장했습니다. 제가 피드백 노트에 적은 내용 중 두 번째 피드백에 대해 자기 생각을 글로 적어놓았더군요.

우선 아빠의 두 번째 피드백 내용을 살펴볼까요?

〈아빠의 생각〉— 피드백 노트 중에서

2. 무엇보다도 '아빠는 노트 선생님'의 경우 단어(7개, 4월)를 찾고 뜻을 적
는 것이 많이 귀찮고 힘들었을 텐데 실천해주어 고마웠어.

그리고 아빠에게 도움을 요청했잖아. 4월까지는 아빠랑 같이 새
단어의 뜻을 사전에서 찾아달라고 부탁했을 때 무척 기뻤어. 다음에
도 아빠의 도움이 필요하면 언제든 요청해줘. 도움을 요청하는 것은 창
피한 일이 아니야. 도움을 요청하는 것은 포기하는 것보다 수천 배 값진
행동이야.

아이는 '은율 생각은?'이라는 공간에 아빠의 피드백에 대한 자기
의 생각을 적어놓았습니다.

〈은율이의 피드백〉

나도 시간에 맞춰 미루지 않고 노트샘 잘해보도록 노력할게요~
또 아빠 덕분에 습관 만드는 법에 대해 좀 더 알 수 있었어요.
고마워요~ 그 요청 꼭 필요할 때만 요청할게요~.

갓 입대한 신병이 여자친구에게 첫 편지를 받은 순간처럼 얼마나
설레고 기뻤던지, 읽고 또 읽었습니다. 맞춤법이 틀린 곳도 몇 군데
있었지만, 딸이 아빠에게 멋지게 피드백 한 방을 날린 것입니다. 뭉클
했지요. 무엇보다도 이런 생각이 들었습니다.

'딸이 조금씩 변하고 있구나.

그리고 이제는 아빠를 믿기 시작했구나.'

너무 기뻐서, 은율이가 밀고당기기의 고수처럼 전략적으로 뜸을 들인 다음 일부러 아빠에게 피드백을 늦게 전달한 것 아닌가 하는 엉뚱한 생각까지 들 정도였습니다. 신기한 사실은 은율이에게 피드백을 전달한 사람은 저인데, 도리어 제가 아이의 피드백을 받고 위로와 감동을 느꼈다는 점입니다.

왜 부모의 피드백이 중요한가?

세상은 빠르게 변하고 있습니다. 인정하고 싶지는 않지만, 우리 아이들은 열정과 노력만으로 성과가 비례하여 나타나는 시대에 살고 있지 않습니다. 과거에는 열심히 노력만 하면 성공의 열매를 얻을 가능성이 높았지만, 로봇과 함께 경쟁하며 살아갈 우리 아이들은 창의력과 문제해결 능력이 무엇보다 필요한 시대를 살아가야 합니다.

방향을 올바르게 설정하지 않으면, 아무리 노력해도 그 노력이 과녁을 벗어날 가능성이 높습니다. 어쩌면 과녁의 근처에도 도달하지 못하고, 중간 어느 지점에 노력의 화살이 떨어질 수도 있습니다. 그래서 아이들이 매일 올바른 방향으로 포기하지 않고, 조금씩 자신의 강점과 독창성을 키워나가도록 누군가가 옆에서 피드백을 통해 이끌어 주어야 합니다.

피터 드러커처럼 엘자 선생님으로부터 피드백 분석의 정수를 배울 수 있다면 좋겠지만, 그럴 수 없으니 제2의 엘자 선생님이 꼭 필요합니다. 그렇다면 누가 제2의 엘자 선생님이 되어야 할까요? 이 질문에 대한 대답은 각자 다르겠지만, 저는 부모가 가장 현실적인 답에 가깝지 않을까 생각합니다.

부모의 피드백에는 아이를 향한 조건 없는 사랑과 희생이 전제되어 있습니다. 그래서 부모의 피드백은 아이가 강점에 집중하도록 끊임없이 방향성을 제시해줄 수 있습니다. 아이는 이를 통해 부모를 믿고 의지하며 자존감을 키워갈 수 있을 것입니다.

1년~2년
: 하루 시간을 효과적으로 관리하다

인생은 아침시간을 어떻게 사용하는가에 따라 달라질 수 있습니다. 어떤 사람은 오전 9시가 되어서야 겨우 이불 속을 빠져나와 하루를 시작하고, 또 어떤 사람은 기본수입을 얻기 위해 반드시 해야만 하는 일(직업) 외에 자신의 간절한 꿈을 성취하기 위해 새벽 일찍 일어나 시간의 밭을 매일 일구며 살아갑니다. 이처럼 아침을 지배할 줄 아는 사람이 하루를 지배할 수 있고 인생을 주도적으로 경영할 수 있습니다.

성공한 사업가나 정치인 등 유명인은 차치하고라도 우리 주변에서 볼 수 있는 사람들, 예를 들면 장사가 잘되는 식당의 주인, 직장에서 인정받는 선배나 후배 등을 살펴보면, 그들 대부분은 규칙적으로 아침시간에 일찍 일어나고 활기차게 하루를 시작합니다.

경영학의 아버지 피터 드러커 교수는 성공의 방법에 대하여 "성공하기 위해서는 시간이야말로 가장 중요한 재산이라는 것을 기억해야 합니다. (중략) 지식이 중요해지는 미래 사회에는 시간을 잘 관리하는 사람이 성공할 수밖에 없습니다"라고 말했습니다.

세계 최고의 부자이며 기업가인 빌 게이츠는 매일 새벽 3시에 일어나서 7시 30분이면 회사로 출근했다고 합니다. 그는 시간 낭비야말로 인생에서 가장 큰 실수라고 생각했기에 매일 일찍 일어나 하루를 시작했습니다. 새벽에 일어나면 하루를 남들보다 길게 사용할 수 있고, 또한 아침시간에는 누구의 방해도 받지 않기 때문에 집중도 더 잘되는 장점이 있기 때문입니다.

[사례] 아침시간을 활용하게 된 아이

목/금요일에 습관 실천이 자주 실패한 이유

은율이는 목요일과 금요일에 습관을 실천하지 않은 경우가 많았습니다. 학원 숙제 때문입니다. 금요일에는 수학학원에 가기 때문에 목요일 저녁에 엄마가 수학 숙제를 검사합니다. 그래서 매주 목요일 밤에는 엄마와 한바탕 전쟁이 일어났지요.

토요일에는 논리학원에 가기 때문에 금요일부터 논리학원 숙제 검사로 2차 대전이 발발합니다. 온 집안이 긴장감으로 가득차지요. 그 긴장감 속에서 제가 아이에게 습관을 실천했는지 물어보려면, 마치 총알이 빗발치는 전쟁터를 유유히 산책하며 걷는 것처럼 죽음을 각오해야 합니다.

아침 습관 제안, 은율이가 외면하다

며칠 동안 어떻게 하면 은율이가 엄마와의 전쟁을 피하고 습관을 실천할 수 있을지 고민한 결과, 하나의 해결책을 제안했습니다. 목요일과 금요일 저녁에는 엄마가 학원 숙제 검사를 하니까, 아침에 습관을 실천하는 게 어떠냐고요? 다시 말해 아침에 등교하기 전에 10분 정도만 투자해서 습관을 실천하도록 말이지요.

처음에 말을 꺼내자, 은율이는 들은 체도 하지 않았습니다. 매일 아침에는 학교 갈 준비로 분주한데, 한술 더 떠서 습관까지 실천하라고 떠미는 아빠가 얄밉게 보였을 것입니다. 아이가 콧방귀를 뀔 수밖에요. 그래서 피드백 노트인 '아빠의 생각'에 "목요일과 금요일은 아침에 습관을 실천하면 좋겠다"라고 적어놓았습니다.

하지만 아이의 행동에는 아무런 변화가 없었습니다. 그렇게 한 주가 지나고 두 주가 지나갔습니다. 조바심이 나서 지나가는 말로 "'아빠의 생각'은 읽어봤니?"라고 웃으며 마음을 떠보았습니다. 하지만 아이는 여전히 화가 나 있는 듯했습니다. 그런데 3주가 지나면서 조금씩 이상한 기운이 느껴졌습니다.

48주차, 드디어 아침 습관이 등장하다

다음의 습관 계획표는 48주차의 실천 결과입니다. 여기에서 볼 수 있듯 아이는 목요일에는 한자 쓰기, 금요일에는 감사일기 쓰기를 아침 시간에 실천할 계획을 세워놓았습니다.

놀랍게도 실제로 목요일과 금요일 모두 아침 등교 전에 습관을 실천했습니다. 목요일에 한자 쓰기를 아침 8시 20분에 실천하기로 계획했는데, 실제로는 아침 7시 50분에 했습니다. 금요일에는 감사일기 쓰기를 아침 8시 10분에 하기로 했는데, 아침 8시 14분에 실천에 성공했습니다.

아침에 습관을 실천한 아이가 대견했습니다. 하지만 한편으로는 걱정스럽기도 했습니다. 과연 아침에 습관을 계속 실천할지, 아니면 1회성 이벤트로 마무리될지 기대 반 걱정 반으로 다음주를 기다렸습니다.

48주차

		6/26(월)	6/27(화)	6/28(수)	6/29(목)	6/30(금)	6/31(토)	총점
습관 목록		책읽기	아빠는 노트 선생님	일기쓰기	한자쓰기	감사일기	독서록	
성공 (O,X)	결과	O	O	O	O	O	O	
	계획	오후 7:40	오후 6:30	오후 8:50	오전 8:20	오전 8:10	오후 6:50	100점 (6/6)
	실천	오후 6:43	오후 6:33	오후 8:28	오전 7:50	오전 8:14	오후 6:50	
	실패 이유							
실패한 날 언제 다시?								

*48주차에 아침 습관이 처음으로 등장했습니다.

아이의 아침이 변하다

다음은 49주차 습관 계획표입니다. 다행스럽게도 목요일과 금요일 모두 아침에 습관을 실천했습니다. 아침에 습관을 실천해보자는 아빠의 제안을 바로 수용하지 않고, 비록 그 말을 한 지 3주가 지나서야 실행에 옮겼지만, 말보다는 '아빠의 생각' 노트에 적어놓은 피드백이 효과를 톡톡히 본 것이지요.

더 뿌듯한 사실은 은율이가 아침을 준비하는 모습이었습니다. 예전에는 아침에 세수하고 옷 갈아입고 준비물을 챙기느라 정신없이 하

49주차

		7/3(월)	7/4(화)	7/5(수)	7/6(목)	7/7(금)	7/8(토)	총점
습관 목록		책읽기 (슈바이처)	아빠는 노트 선생님	일기쓰기	감사일기	한자쓰기	독서록	
성공 (O,X)	결과	O	O	O	O	O	O	
	계획	오후 7:10	오후 8:30	오후 8:30	오전 8:20	오전 8:20	오후 9:30	100점 (6/6)
	실천	오후 7:9	오후 8:35	오후 8:38	오전 7:58	오전 7:59	오후 8:29	
	실패 이유							
실패한 날 언제 다시?								

* 49주차에도 아침 습관이 유지되었습니다.

루를 시작하곤 했지요. 하지만 아침 습관이 생기자, 아이는 알아서 10분 정도 일찍 학교 갈 준비를 한 다음 책상에 앉아 습관을 실천하고 등교하게 되었습니다.

성공한 사람들의 아침 습관

빌 게이츠뿐만 아니라 로버트 아이거(Robert Iger) 월트디즈니 회장, 하워드 슐츠(Howard Schultz) 스타벅스 CEO 등 세계적으로 성공한 사람들은 아침에 일찍 일어난다는 공통점이 있습니다. 하지만 아침에 일찍 일어난다는 사실보다 더 중요한 비밀이 있습니다. 그들은 아침에 일어나서 꼭 해야 할 일이 있었기 때문에 그 목표에 맞춰 계획을 세우고 시간을 관리할 수 있게 된 것입니다.

『뉴욕타임스』의 인터뷰에 따르면, 로버트 아이거 월트디즈니 회장은 매일 아침 4시 30분에 일어나서 신문을 읽고 이메일을 확인한다고 합니다. 『블룸버그』 인터뷰에 따르면, 스타벅스 CEO인 하워드 슐츠는 매일 아침 4시 30분에 일어나서 개들과 산책을 하고 운동을 한 다음, 5시 45분에 자신과 아내를 위해 커피를 만든다고 합니다.

이렇게 성공한 사람들은 아침 시간을 효과적으로 관리하고 있습니다. 하지만 몇 시에 일어나는지는 중요하지 않습니다. 개인마다 직업도 다르고, 추구하는 가치와 목표도 다르기 때문입니다.

중요한 사실은 어렵게 확보한 아침 시간에 매일 규칙적으로 무엇을 하느냐입니다. 아침에 일어나서 인터넷 게임을 하거나 어제 놓친

인기 드라마의 재방송을 본다면, 차라리 그 시간에 부족한 잠이나 실컷 자는 편이 정신과 육체 건강에 도움이 될 것입니다.

반면에 등교하기 전에 책상에 앉아 스스로 습관을 실천하는 아이의 모습은 참으로 대견스럽습니다. 어려서부터 아침 시간을 활용하고, 부모의 잔소리와 간섭 없이도 스스로 학교에 갈 준비를 하는 습관은 장차 시간을 관리하고 인생을 경영하기 위해 필요한 근육을 키워나가도록 도와줄 것입니다.

비록 지금은 아이가 일주일에 목요일과 금요일, 이틀만 아침에 습관을 실천하고 있지만 성장해가면서 아침 시간 관리의 중요성을 깨닫고 다른 요일로 확대해나갈 수 있을 것이라 믿습니다.

80~84주차, 잘못된 시간 계획을 바로잡다

아이 습관 만들기 프로젝트가 어느새 85주차가 되었습니다. 그리고 긴 슬럼프의 터널을 뚫고 무려 6주 만에 다시 습관 성공률 100%를 달성했습니다.

지난 79주차에 습관을 100% 실천한 뒤, 80~84주차에는 최저 성공률인 75%를 포함하여 5주 연속 100%를 달성하지 못했습니다. 이유는 여러 가지겠지만, 앞의 80주차 습관 계획표에 그 힌트가 많이 숨어 있었습니다.

첫째, 귀찮고 바빠서 쓰는 게 힘이 들었기 때문입니다.

80주차

	2/5(월)	2/6(화)	2/7(수)	2/8(목)	2/9(금)	2/10(토)	총점
습관 목록	책읽기	독서록	일기쓰기	아빠는 노트 선생님	감사일기	한자쓰기	
결과	O	O	O	△	△	△	
성공 (O,X) 계획	오후 7:00	오후 7:55	오후 8:00	오후 9:00	오후 8:50	오후 8:50	75점 (45/6)
성공 (O,X) 실천	오후 7:10	오후 7:50	오후 8:30	오후 7:10	오후 7:20	오후 7:30	
실패 이유	*습관 계획표를 기록하지 못한 이유? 한꺼번에 2월 10일에 기록한 이유는?! * △가 3개(아빠는 노트 선생님, 감사일기, 한자쓰기)인 이유는 무엇인가요? -귀찮고 바빠서 쓰는 게 많이 힘이 듦						
실패한 날 언제 다시?							

*80~84주 5주 연속으로 습관을 제대로 실천하지 않았습니다. 대책이 필요했습니다.

왜 '아빠는 노트 선생님', 감사일기, 한자 쓰기 등의 습관을 실천하는 게 귀찮고 힘들었을까요? 그동안 매주 일요일마다 다음주의 습관 계획표를 작성해왔습니다. 그런데 80주차에는 그 전주의 일요일에 습관 계획표를 작성하지 못했습니다. 그러니 월요일부터 수요일까지는 그런 대로 실천했지만, 목요일부터 뒤로 미루다가 주말에 부랴부랴 습관을 3개나 실천해야 했고, 다음주 습관 계획표도 작성해야 하는 이중고를 겪었기 때문입니다.

습관 계획표에 따라서 매일 1가지씩 습관을 실천하는 것도 도전인

데, 6일 동안의 무게를 토요일 하루에 전부 짊어진 꼴이니 실패할 수밖에요.

둘째, 잘못된 시간 계획입니다.

그동안 은율이는 습관 계획표에 미리 실천 시간을 적어놓고, 계획한 시간에 맞춰 매일 실천하려고 노력해왔습니다. 그런데 왜 5주 동안 연속해서 100%를 달성하지 못했는지 곰곰이 생각하다가 하나의 단서를 발견했습니다. 그것은 바로 잘못된 시간 계획 때문이었습니다. 습관 실천 시간을 잠들기 바로 직전인 8시 50분, 9시, 심지어 83주차에는 10시 20분으로 정해두었더군요.

이에 저는 일주일 동안의 하루 일과를 시간대별로 확인해보기로 했습니다. 아이와 대화를 하며 다이어리에 요일별로 학교 수업이 몇 시에 끝나고, 학원에 가는 시간과 집에 돌아오는 시간은 언제인지 정리해보았습니다. 그랬더니 잠들기 전까지 미루지 않아도 오후나 이른 저녁 시간에 습관을 실천할 수 있는 요일을 찾아냈고, 아이는 흔쾌히 그 시간에 습관을 실천하기로 동의했습니다.

195쪽에서 위쪽 표는 제가 아이와 하루 일과에 대해 대화를 나눈 후 추천해준 요일별 습관 시간표입니다.

그 결과 85주차에는 실천 시간 계획이 많이 당겨졌습니다. 그에 따라 실제로 습관을 실천한 시간도 빨라졌습니다. 월요일에는 오후 5시로 계획했는데 5시 10분에 실천했고, 수요일에는 오후 4시에 계획해서 4시 30분에 완료했습니다(72주부터 계획 대비 1시간 이내 실천할 경우

아빠가 추천하는 요일별 습관 실천 시간표

	월	화	수	목	금	토
오전	X	X	X	(7:40~)	X	(7:40)
오후	(5~6시)	-	(2~4시)	-	-	-
저녁	8:30~9:30	(8:30~9:30)	6~8시	8:30~9:30	(6~8시)	7~8시

◯ : 아빠의 추천 습관 실천 시간. 이처럼 부모가 아이와 함께 일주일 동안의 하루 일과를 점검하고 시간 관리 계획을 세우는 것이 좋습니다.

은율이의 85주차 습관 계획표

		3/12(월)	3/13(화)	3/14(수)	3/15(목)	3/16(금)	3/17(토)	총점
습관 목록		책읽기	독서록	일기쓰기	한자쓰기	아빠는 노트 선생님	감사일기	
성공 (O,X)	결과	O	O	O	O	O	O	
	계획	오후 5:00	오후 8:40	오후 4:00	오전 7:50	오후 7:00	오전 8:30	100점 (6/6)
	실천	오후 5:10	오후 9:15	오후 4:30	오전 8:3	오후 8:00	오전 7:20	
	실패 이유			축하해 6주 만에 100점!				
실패한 날 언제 다시?			표지 만화로 독서록 쓰기 좋은 생각이야				아침 줄넘기 100회	

*긴 슬럼프를 뚫고 6주 만에 다시 습관이 안정되었습니다.

성공 처리). 이렇게 해서 긴 슬럼프의 터널을 뚫고 무려 6주 만에 다시 100% 성공률을 회복했습니다. 이어서 86주차에도 습관 실천에 100% 성공했고 다시 본궤도에 올라섰습니다.

아이들은 시간 개념이 부족합니다. 따라서 부모는 이 순간을 살아가는 아이들에게 그때그때 최선을 다해 시간 개념을 알려주고, 어떻게 하루의 시간을 관리하는지 연습할 수 있도록 도와주어야 합니다. 오늘은 아이와 함께 하루 일과를 곰곰이 정리해보는 시간을 가지는 것이 어떨까요?

Part

아이 습관
4가지 실천법

아이 습관 만들기
:SWAP 기법

제가 성인들을 위해 기획하고 운영중인 '습관홈트 일일 실천 프로그램'은 다음과 같은 체계적인 절차를 거쳐 치밀하게 운영되고 있습니다. 이 절차에 'SWAP(Select-Write-Assessment-Payback) 기법'이라는 이름을 붙였습니다. SWAP 기법은 총 4단계로 구성되어 있습니다.

성인들을 위한 '습관홈트 일일 실천 프로그램'의 SWAP 기법

SWAP	1. Select : 습관 목록 정하기
	2. Write : 실천 및 기록
	3. Assessment : 평가 및 피드백
	4. Payback : 보상

SWAP 기법은 부모가 아이의 습관을 체계적이고 효과적으로 지도할 때에도 훌륭한 이정표가 될 것입니다. 왜냐하면 성인들이 습관 실천 과정에서 터득한 경험치를 치밀하게 분석한 다음 조정하고 개선한, 검증된 기법이기 때문입니다.

아이의 일상 정리부터, 하루 10분만 건져라

먼저 아이의 일상을 정리해야 합니다. 아이가 하루 24시간을 어떻게 소비하고 있는지 냉정히 분석하고 습관을 실천할 수 있는 시간을 확보해야 합니다.

변화경영 전문가 구본형 소장은 『나에게서 구하라』에서 '새로운 일을 시작하기에 앞서 잡다한 일상을 정리하라'고 조언합니다.

> 실천은 곧 매일 일정한 시간을 쏟아붓는 집중력과 반복훈련을 의미한다. 실천과 관련하여 늘 범하는 중대한 시행착오는 일상의 잡다한 생활을 정리하지 않은 채, 새로운 시간 투자 계획을 세우는 것이다.
>
> 어떤 생활들은 단호하게 버려야 한다. 또 어떤 생활들은 최소한도로 줄여야 한다. 그래야 우리가 원하는 꿈을 강화하고 창조해낼 수 있는 시간을 확보할 수 있는 것이다. 그래야 조금 시작하다가 그만둬버리는 폐단을 극복할 수 있다. 먼저 불필요한 시간을 제거하고 낭비되는 시간을 줄여야 새로운 계획에 시간을 집중적으로 투자할 여력이 생기는 것이다. (구본형, 『나에게서 구하라』, 김영사, 2016년, 240쪽)

그러나 처음부터 많은 시간을 확보하려는 욕심은 내려놓아야 합니다. 아이 습관 만들기 프로젝트는 하루 10분이면 충분합니다. 처음엔 아이의 하루 일과에서 하루 10분만 건져내면 됩니다.

아이의 작은 습관 실천— SWAP 기법

아이의 일상을 정리한 다음 하루 10분을 확보했다면, 이제 SWAP 기법을 이용하여 '작은 습관' 실천을 시작하면 됩니다.

1단계: '습관 목록'을 정하세요(Select).

습관 목록 정하기는 습관 만들기의 첫 단추입니다. 첫 단추를 잘못 채우면 나머지 단추들도 잘못 채워지기 때문에 신중해야 합니다. 은율이의 사례에서도 보듯, 부모의 욕심이 반영되면 중도에 포기하고 실패할 확률이 높습니다. 되도록 아이가 좋아하는 습관을 선택하도록 배려해야 합니다.

2단계: 습관을 매일 실천하고 '기록'하세요(Write).

아이가 매일 스스로 정한 습관을 제 시간에 실천한 다음 그 결과를 기록하도록 지도하면 됩니다. 습관 계획표를 따로 만들어도 좋고, 달력에 표시해도 좋습니다.

3단계: 부모가 아이의 습관 결과를 '평가'해주세요(Assessment).

일주일 동안 아이가 기록한 습관 실천 결과를 살펴본 다음 피드백을 해주면 됩니다. 습관을 실천하지 않은 날이 왜 생기는지, 그 원인이 무엇인지도 찾아낼 수 있습니다. 어떻게 하면 습관을 가로 막는 요소를 없앨지 고민한 후 그 방법을 실천해보세요. 아이의 습관 실천 성공률을 높일 수 있습니다.

4단계: 아이에게 '보상'을 해주세요(Payback).

어른들도 마찬가지지만, 특히 아이에게는 습관을 만들기 위한 끊임없는 반복이 매우 지루하고 어려운 과정입니다. '신호-반복-보상'이라는 습관 고리가 끊어지지 않도록, 보상이라는 윤활유를 계속 공급해주어야 습관 엔진이 마모되지 않고 계속 움직일 수 있습니다.

1단계 부모와 함께 습관 목록 만들기
Select

성공한 사람들의 좋은 습관

부모와 아이가 습관 목록을 만들기 전에, 성공한 사람들은 어떤 좋은 습관을 실천하고 있는지 살펴볼까요?

아시아 최대 갑부 리카싱(Li Ka Shing)은 잠자리에 들기 전에 30분 가량 책을 읽는 습관이 있습니다. 그는 책을 읽으며 얻은 아이디어가 사업 성공의 핵심적인 요소라고 했습니다. 책을 읽는 것은 정보를 흡수하는 수단이기도 하지만, 집중력을 훈련하는 데에도 도움이 되는 좋은 습관입니다.

『월스트리트 저널』에 따르면 새벽 4시가 하루 중 가장 생산성이 높은 시간이라고 합니다. 훼방하는 사람 없이 업무를 볼 수 있기 때문입니다. 새벽 4시에 문자 메시지나 이메일을 보내고 전화를 거는 사람은 거의 없겠지요.

일본의 소설가 무라카미 하루키도 매일 새벽 5시 기상 후 10㎞ 달리기라는 운동 습관을 실천하고 있습니다. 운동을 하면 뇌에 산소와 영양분이 공급되어 최고의 상태가 된다고 합니다.

미국의 토크쇼 진행자 오프라 윈프리는 감사일기를 쓰는 습관을 실천하고 있습니다. 감사하는 마음은 긍정적인 사고와 목표를 갖게 했고, 결국 그녀가 성공하는 데 결정적 역할을 했습니다.

하지만 우리는 성공한 사람들이 겪어온 과정은 애써 외면하고 결과만 얻으려는 욕심을 부리곤 합니다. 그래서 성공한 사람들의 좋은 습관을 무작정 따라하려다 보니 작심삼일에 빠지고 중도에 포기하게 되는 것입니다.

습관 목록 선정, 왜 중요한가?

평소 오전 8시에 힘들게 일어나는 사람이 '나도 내일부터 빌 게이츠처럼 새벽 3시에 일어나고, 무라카미 하루키처럼 10㎞를 달려야지'라고 다짐한다면 습관을 지속할 가능성은 현저히 낮아집니다. 성공한 사람들도 지금 그들이 실천하는 좋은 습관을 처음부터 쉽게 만들지는 못했을 것입니다. 수많은 시행착오와 실패를 거듭하고 나서야 비로소 습관으로 정착된 것임을 잊지 말아야 합니다.

자기주도 실행능력이나 시간관리, 환경통제능력이 뛰어난 성인들도 어떤 습관 목록을 엄선하느냐에 따라 습관 성공률이 크게 차이가 납니다. 성인보다 이런 능력이 떨어지는 아이들은 어떤 습관 목록을 몇 개나 엄선하느냐가 더욱 중요할 수밖에 없습니다.

우선 아이가 습관을 스스로 선택하도록 지도해주어야 합니다. 그리고 습관을 실천할 요일과 시간도 스스로 계획하고 습관 계획표에 직접 적도록 가르쳐야 합니다. 이는 아이가 스스로와 부모에게 공개 선언을 하는 셈이며, 책임감을 느끼게 되어 습관 성공률도 높아지게 됩니다.

사례 습관 목록, 몇 개가 좋을까?

아이들은 처음에 습관 몇 개로 시작하면 좋을까요?

앞에서 말했듯, 처음에 '아빠는 노트 선생님'으로 시작한 은율이의 습관 만들기는 3개월이 지나면서부터 점점 시들해지기 시작했습니다. 그래서 아이와 마주앉아 이야기를 해보았습니다. 그때 가장 고민한 것은 바로 '일주일에 몇 개의 습관을 실천해야 적당할까?'였습니다.

당시 '작은 습관 실천 프로그램'에 참가한 성인들의 경우 3개의 습관 목록을 엄선하여 매일 실천하고 있었습니다. 그래서 아이는 하루 대신 일주일에 3개의 습관을 실천하면 괜찮지 않을까 판단했습니다.

부모가 욕심을 부려 강압적이고 일방적으로 습관의 개수를 정하면 아이는 쉽게 포기하게 됩니다. 부모가 이끌어주되, 아이의 의견을 충분히 반영하여 무리하지 않는 선에서 함께 계획을 세워야 오래 지속할 수 있습니다.

성인에게도 변화는 어렵고 불편한 과제입니다. 하물며 아이에게는 더 힘든 일이지요. 어떻게 아이의 의욕을 끌어낼 것인가가 가장 중요합니다. 무엇보다 아이 스스로 납득이 가도록 자발적으로 목표를 설정하는 것이 중요합니다. 남들이 하는 것을 그대로 따라하거나 부모의 강요에 의해 억지로 하게 되면, 아이가 스스로를 설득할 수 없고 이는 결국 포기로 이어집니다. 따라서 아이의 내면으로부터 동기가 자극되어야 합니다.

사례 어떤 습관을 선택할까?

또 다른 고민은 '3개의 습관을 무엇으로 선정할 것인가?'였습니다. 중요한 것은 반드시 충분한 대화를 해서 아이가 좋아하는 놀이, 또는 흥미 있는 분야와 연결시켜 목록을 정해야 한다는 사실입니다.

저는 은율이와 의논하여 습관 목록을 정했습니다. 하나는 기존에 실천해오던 '아빠는 노트 선생님', 또 다른 하나는 아이가 좋아하는 '그림 그리기와 만들기', 마지막은 부모가 바라는 '책 읽고 독서록 쓰기'를 하기로 의견을 모았습니다. 이렇게 아이의 흥미와 부모의 바람이 잘 버무려진 습관 목록 3개가 선정되었습니다.

〈은율이의 습관 목록〉
습관 1: 아빠는 노트 선생님 –기존 습관 목록

습관 2: 그림일기 –아이가 좋아하는 그림 그리기와 연결한 습관

습관 3: 독서록(책 읽고 독후감 쓰기)–부모가 바라는 습관

지금은 습관 목록을 일주일에 6개까지 늘려서 실천하고 있지만, 계속 강조했듯 초기에는 아이와 합의해 최소한의 개수로 시작해야 거부감을 줄일 수 있고 성공률도 높아집니다.

사례 **대체 습관을 정하는 것이 좋은 이유**

한편 특수한 상황(아프거나 다쳤을 경우, 명절에 친척 집 방문, 해외여행 등)에서 습관 목록 대신 실천할 대체 습관을 미리 협의해놓아야만 예기치 못한 상황에서도 건너뛰거나 흐름이 끊어지지 않고 실천할 수

'작은 습관 실천 프로그램'에 참가한 성인의 대체 습관 목록

습관 목록	소요 시간	Why this habit	대체 습관
1. 감사한 일 3가지 쓰기	3분	긍정적인 마음 갖기/ 기록 습관	매일 명상 책 보고 하루 묵상하기
2. 영어 표현 1개 외우기	6분	외국어 습득	인터넷 회화 표현 읽기
3. 윗몸일으키기 5회	10초	규칙적인 운동 습관	앉았다 일어났다 5회
합계	9분 10초		

있습니다. '작은 습관 실천 프로그램'에 참가한 성인들도 특수 상황에서 실행할 대체 습관을 미리 정해놓고 시작하고 있습니다.

앞의 표에 적힌 습관 목록은 그 프로그램에 참가했던 성인의 대체 습관입니다. 만약 손을 다쳐 병원에 입원한 특수 상황에 처해 있다면, '감사한 일 3가지 쓰기'라는 습관을 '명상 책 보고 하루 묵상하기'로 대체하여 실행하기로 미리 정한 것을 알 수 있습니다.

은율이가 형광등을 갖고 있다가 다쳐서 병원에 실려간 상황에서 '학원 숙제 미리 하기'라는 습관 대신 대체 습관으로 '글쓰기 연습'을 실천한 경우가 좋은 예입니다. 특수 상황에 대비하여 미리 대체 습관을 정해놓는 지혜가 필요합니다.

_____의 대체 습관 목록

*여러분 아이의 습관 및 대체 습관 목록을 만들어 보세요. 처음은 가볍게, 일단 3개만 정해보죠.

습관 목록	소요 시간	Why this habit	대체 습관
1.			
2.			
3.			
합계			

2단계 습관 계획표 기록하기
Write

기록의 중요성

미국의 희극인이자 배우인 마이크 버비글리아(Mike Birbiglia)는 젊은
팬들을 만날 때마다 '모든 것을 기록해두라'고 조언합니다. 기록하지
않으면 어느 순간 망각의 곡선을 따라 기억력이 쇠퇴해가기 때문입
니다.

여러분은 혹시 고민해오던 일의 실마리가 될 기발한 생각이 떠올
라 흐뭇했지만, 나중에 그것을 기억하지 못해 머리를 쥐어짜는 고통
을 경험해본 적 없나요? 번뜩이는 아이디어가 스쳐 지나갈 때는 그
순간을 놓치지 말고, 가던 길을 멈추고 휴대폰을 열어 메모장에 기록
해야 합니다. 생각이 다시 떠오르지 않고 마르기 전에 말입니다. 『나
에게서 구하라』에서 구본형 저자는 이렇게 강조했습니다.

스스로 세운 약속은 객관적인 지표로 모니터링 할 때 효과적으로 제어된다. 자동차에 필요한 계기판이 달려 있듯, 우리에게도 방향과 속도와 현재의 상황을 제대로 보여주는 지표들이 필요하다. (구본형, 『나에게서 구하라』, 김영사, 2016년, 240쪽)

습관 계획표에 매일의 실천 결과를 기록함으로써 우리가 올바른 방향으로 성장하고 있는지 점검할 수 있습니다. 또한 습관을 실천하지 못한 날을 되돌아보고, 실패의 원인을 인지하고 제거하는 연습을 통해 성공률을 높일 수 있습니다.

『초등 6년 공부습관, 중고 6년 좌우한다』의 저자 김수정 선생님은 아이가 스스로 기록하는 습관의 중요성을 강조했습니다.

아직 자기주도적인 생활관리 능력이 부족한 초등학교 저학년 아이들이 일상생활을 스스로 관리하는 것은 매우 어려운 일이다. 하지만 스케줄러만 잘 활용해도 자기주도학습 능력을 키울 수 있다.

아이의 학습은 공부하는 습관을 몸에 익히는 것이 중요하다. 때문에 스케줄러를 작성하고 실천하고 실천한 내용을 체크하는 과정을 통해 스스로 학습을 습관화하고, 본인이 공부할 내용을 계획하는 힘을 기를 수 있음을 명심하자. 그리고 아이가 완전히 내면화할 때까지 함께 해주자. (김수정, 『초등 6년 공부습관, 중고 6년 좌우한다』, 문예춘추사, 2013년, 296쪽)

습관 계획표 기록, 왜 중요한가?

은율이는 일주일 단위로 습관 계획표를 작성하여, 매일 습관 성공, 실패 이유, 실천 시간 등을 기록하고 있습니다. 아이는 아직 혼자서 시간을 관리하거나 환경을 통제하고 의지력을 조절할 능력이 부족하기 때문에 부모가 습관 계획표를 참고하여 기록을 자주 점검하고 피드백을 주어야 합니다. 또한 부모는 아이가 습관 실패의 이유를 인지하도록 도와주어야 합니다.

2017년 3월 은율이가 습관을 하루이틀 미루는 원인이 계획한 실천 시간을 자꾸 놓치기 때문이라는 것을 알게 되었습니다. 그달 9일에는 오후 4시 30분에 그림 감사일기 습관을 실천하기로 했는데, 습관 계획표를 점검해보니 실제로 실천한 시간은 오후 8시 19분이더군요. 4시간이나 늦은 것이지요.

이유를 확인해보니 '계속 놀고 있어서 시간을 놓쳤다'였습니다. 물론 잊지 않고 실천한 것은 대견했지만, 이렇게 제 시간을 놓치면 갈수록 피곤하고 졸려서 그날의 습관을 실천하지 못할 확률이 높아지게 마련입니다.

당시 은율이의 최대 적은 바로 빈약한 시간관리 개념이었습니다. 그래서 알람시계를 선물해주고 습관 계획표에 적어둔 시간에 알람이 울리도록 설정하는 방법까지 알려주었습니다.

아이는 지금은 알람시계의 도움 없이도 습관 계획표에서 매일 몇 시에 습관을 실천하기로 계획했는지 확인하여 실천하고 있습니다. 정

습관 계획표의 작성 예

습관 목록		3/5(월)	3/6(화)	3/7(수)	3/8(목)	3/9(금)	3/10(토)	총점
		책읽기 (괴물 길들이기)	독서록	일기쓰기	아빠는 노트 선생님	감사일기	한자쓰기	
	결과	○	○	○	○	△	△	
성공 (O,X)	계획	오후 8:00	오후 7:30	오후 8:30	오후 8:40	오후 9:00	오후 9:00	너무 늦은 시간
	실천	오후 8:00	오후 8:00	오후 8:30	오후 8:46	다음날 오후 10:00	다음날 오후 3:23	84점 (5/6)
	실패 이유		괴물 길들이기	3학년 첫주의 소감 잘 적응해 가고 있네~	1.묵직하다 2.음모야 3.우습다 4.격렬 5.불엔소리	아빠랑 체스 하려고 할 때 떼를 쓰지 않고 설득하겠다는 다짐, 너무 좋은 생각이야	실내(室内) 문자(文字)	
실패한 날 언제 다시?		*학교수업, 학원 시간을 요일별로 정리했고, 아빠랑 찾아낸 하루 중 습관 실천 시간을 참고해서 〈습관 계획표 85주차〉 작업해보자				은율아, 한자 습관 하라고 아빠가 심쳐주는 말 해서 미안해!!		

> '아빠의 생각'을 적는 란으로 활용하는 경우가 많았습니다.

해진 시간에 해야 한다는 인식이 강화되었을 뿐만 아니라 하루의 시간관리를 할 줄 알게 된 것입니다.

습관 계획표 기록법

날짜와 습관 목록

습관 계획표의 맨 윗줄에는 날짜와 요일을, 다음 줄에는 요일별로 실천할 습관 목록을 적습니다. 이 습관 목록은 아이가 어떤 습관을 무슨 요일에 실천할 것인지, 미리 그 전 주 일요일에 결정하여 기록해놓습니다. 습관 목록뿐만 아니라 그것을 실천할 시각까지 함께 정하여 기록합니다.

앞의 표를 보면 월요일엔 독서, 화요일은 독서록, 수요일은 일기 쓰기, 목요일은 '아빠는 노트 선생님', 금요일은 감사일기 쓰기, 그리고 토요일엔 한자 쓰기를 하기로 계획했네요.

계획한 실천 시간

각 항목 밑에는 실천할 시간을 미리 써놓습니다. 월요일의 독서 습관은 『괴물 길들이기』란 책을 저녁 8시에 읽을 예정이고, 화요일에는 독서록을 오후 7시 30분, 수요일은 오후 8시 30분에 일기 쓰기, 목요일은 오후 8시 40분, 금요일은 오후 9시, 그리고 토요일엔 한자 쓰기를 오후 9시에 할 예정이라고 써놓았습니다.

습관 결과

'결과' 란에 습관 결과를 기록합니다. 성공하면 ○, 실패하면 ×, 실천은 했지만 시간을 지키지 못한 경우는 △ 표시를 합니다. 앞의 그림에서 보듯, 84주차에는 금요일과 토요일에 △ 표시를 받아서 일주일의 습관 성공 점수가 84점이 되었습니다.

실천 및 실패 이유

실제 실천한 시간과 실패의 이유를 적는 곳입니다. 앞의 습관 계획표
를 보면 월요일에는 계획을 지켰는데, 금요일의 경우 오후 9시에 하
기로 했는데 다음날 오후 10시에 실천한 것을 볼 수 있습니다. '실패
이유' 란에는 그날의 습관을 실천하지 않은 이유를 기록합니다. 하지
만 은율이가 습관을 실천하지 않은 날이 적어서 '아빠의 생각' 공간으
로 활용했습니다.

_____의 습관 계획표 — ___주차

*여러분 아이의 습관 계획표를 함께 써보세요.

		/ (월)	/ (화)	/ (수)	/ (목)	/ (금)	/ (토)	총점
습관 목록								
성공 (O,X)	결과							
	계획							
	실천							
	실패 이유							
실패할 경우, 언제 다시 할 건가요?								

피드백 노트 기록하기
Assessment

피드백은 성장의 디딤돌

아이에게 정기적인 피드백을 제공하는 것은 성장에 중요한 디딤돌이 됩니다. 저처럼 '아빠의 생각'이라는 피드백 노트를 통해 아이에게 피드백을 제공하든, 아니면 다른 방법(습관 계획표에 직접 피드백을 쓰기, 또는 아이와 대화, 중간시험 등)으로든 반드시 피드백을 해주어야 합니다.

제가 습관 계획표에 직접 피드백을 적는 이유는, 아이가 매일 실천 시간을 확인하고 결과를 기록하려면 계획표를 자주 살펴봐야 하기 때문입니다. 아이가 습관 계획표를 볼 때, 그곳에 적어놓은 저의 피드백을 자연스럽게 다시 확인하고 읽어보게 하는 것이지요. 아이는 부모나 선생님, 멘토, 또는 전문가의 피드백을 통해 자신이 무엇을 잘하고

214

있고 무엇이 부족한지만 알아도 더 성장할 수 있습니다.

어느 날 엄마가 "숙제 했니?"라고 물었을 때, 아이가 "네. 했어요!"라고 대답했다면 이 대답을 어떻게 해석해야 할까요? 예를 들어 숙제가 '받아쓰기에서 틀린 단어를 공책에 3번 쓰기'였다면, 이 숙제의 목적은 당연히 아이가 틀린 단어를 이해하고 외우는 것입니다. 그런데 아이들은 건성으로 숙제를 하고도 천진난만하게 "네. 했어요!"라고 대답하기도 합니다.

물론 엄마를 속이기 위해서 그렇게 대답하는 것이 아닙니다. 아이 스스로 진심으로 공부를 했다고 생각하는 것입니다. 하지만 틀린 단어를 건성으로 3번 썼다고, 아이가 의미를 제대로 이해하고 외웠다고 보기는 힘들지요. 그래서 부모는 아이가 목적을 가지고 연습을 하도록 옆에서 지도해주어야 합니다.

"틀린 단어를 3번 쓰는 숙제의 목적은 그 단어를 이해하고 외우기 위해서야. 그런데 3번 썼는데도 외워지지 않는 단어가 있다면 우리 2번만 더 써볼까?"와 같이, 아이가 스스로 목적을 가지고 습관을 몸에 익힐 때까지 여러 번 반복적으로 지도하고 도와주어야 합니다.

피드백의 예 – 습관 계획표

다음은 54주차 습관 계획표입니다. 저는 아이가 8월 11일에 쓴 감사일기를 읽어본 후 피드백 란에 '엄마의 친절=은율의 힘'이라고 써주었습니다. 그날의 감사일기는 엄마가 자기에게 친절하게 대해주는 것이 감사한 일이고, 하루를 살아가는 데 커다란 힘이 되었다는 것인데, 그에 대해 공감하는 피드백을 적은 것입니다. 이처럼 간단한 피드백을 적어놓으면 기회가 될 때마다 아이와 대화를 시도할 수 있습니다. 엄마가 갑자기 화를 낸 날, 저는 그해 8월 11일의 감사일기를 기억해내고 울고 있는 아이를 위로하고 공감해줄 수 있습니다.

이를테면 "은율이는 엄마가 친절하게 대해줄 때 힘이 생기는데, 왜 엄마가 오늘은 화를 낼까? 많이 속상하겠다"라고 위로해주면, 아이도 그날의 감사했던 기억을 떠올리고 엄마에 대한 서운함을 풀 수 있게 되지요.

은율이의 54주차 습관 계획표

		8/7(월)	8/8(화)	8/9(수)	8/10(목)	8/11(금)	8/12(토)	총점
습관 목록		책읽기	아빠는 노트 선생님	일기쓰기	한자쓰기	감사일기 (그림)	독서록	
성공 (O,X)	결과	O	O	O	O	O	O	100 (6/6)
	계획	오후 8:20	오후 7:30	오후 8:30	오전 8:15	오전 8:15	오후 8:30	
	실천	오후 8:10	오후 7:30	오후 8:23	오전 2:11	오전 7:40	오후 3:54	
	실패 이유		유리하다 다시 단어를 찾아보자!	미꾸라지는 와이트 쏠란다? 표현이 충격이다!	答教育室 어려웠구나?	엄마의 친절= 은율의 힘	금관악기 중 제일 멋있는 것은 무엇인가?	
실패할 경우, 언제 다시 할 건가요?						*8/13(일) 7월 시험 보는 날!! '아빠의 생각' 보고 풀어~		

216

피드백의 예 — 오픈북

다른 피드백의 형태는 오픈북 시험입니다. 책을 읽고 새로운 단어를 기록하는 '아빠는 노트 선생님'과 한자 공부가 대상입니다.

시험은 장기기억에도 도움을 주지만 메타인지를 향상시켜주는 효율적인 학습방법입니다. 그래서 매달 한 번씩 아이가 새롭게 배운 단어와 한자 중 몇 개를 골라 시험을 보고 한 번 더 복습하도록 유도하고 있습니다. 간단한 시험을 통해 아이가 무엇을 알고 무엇을 모르는지 객관적으로 파악할 수 있는 기회를 주려는 것입니다.

물론 아이에게 '오픈북'으로 시험을 보도록 합니다. 맞고 틀리는 개

'아빠는 노트 선생님'과 '한자 공부'의
오픈북 시험 문제

수가 중요한 것이 아니라, 배운 내용을 다시 찾아보고 기억하도록 돕는 것이 가장 중요하기 때문입니다. 앞의 예시는 은율이가 기록한 '아빠는 노트 선생님'과 '한자 공부'에서 발췌한 오픈북 시험 문제입니다.

무엇보다도 피드백 노트를 통해 아이의 성장과정을 시각적으로 생생하게 확인할 수 있습니다. 그리고 아빠의 진심 어린 격려와 응원, 칭찬이 아이에게 지치고 힘들 때도 포기하지 않는 끈기와 자기주도적인 실행력까지 키워주는 방법이라는 것을 믿게 되었습니다.

사례 은율 아빠의 피드백 사례

그럼 저와 은율이가 어떻게 피드백을 주고받았는지 살펴볼까요?

219쪽의 표는 앞에서 소개했던 84주차의 습관 계획표입니다.

특이한 점은 84주차에는 아이가 습관을 실천할 시각을 대부분 오후 8시 또는 오후 9시처럼 너무 늦은 시간으로 정해놓았다는 사실입니다. 그 결과 금요일과 토요일에는 계획했던 시간에 습관을 실천하지 못하여 △ 표시를 했습니다.

아이와 함께 하루의 일과를 점검했습니다. 노트를 1권 꺼내 학교 수업은 몇 시에 끝나는지, 학원은 몇 시에 시작하고 끝나는지 등 하루 일정을 물어보았습니다. 아이는 기억을 더듬으며 시간을 알려주었고 그것들을 꼼꼼히 노트에 적었습니다.

이렇게 아이의 일주일 일정표를 노트에 적으니, 각 요일마다 학교 수업과 학원 수업 사이에 습관을 실천할 시간이 보였습니다. 그리고

은율이의 84주차 습관 계획표

	3/5(월)	3/6(화)	3/7(수)	3/8(목)	3/9(금)	3/10(토)	총점
습관 목록	책읽기	독서록	일기쓰기	아빠는 노트 선생님	감사일기	한자쓰기	
결과	O	O	O	O	△	△	
계획	오후 8:00	오후 7:30	오후 8:30	오후 8:40	오후 9:00	오후 9:00	너무 늦은 시간
성공 (O,X) 실천	오후 8:00	오후 8:00	오후 8:30	오후 8:46	오후 10:00	오후 3:23	84점 (5/6)
실패 이유		괴물 길들이기	3학년 첫주의 소감 잘 적응해 가고 있네~	1.묵직하다 2.음모야 3.우습다 4.격렬 5.볼엔소리	아빠랑 체스 하려고 할 때 떼쓰지 않고 설득하겠다는 다짐, 너무 좋은 생각이야	실내(室內) 문자(文字)	
실패한 날 언제 다시?	*학교수업, 학원 시간을 요일별로 정리했고, 아빠랑 찾아낸 하루 중 습관 실천 시간을 참고해서 <습관 계획표 85주차> 작업해보자				은율아, 한자 습관 하라고 아빠가 상처주는 말해서 미안해!		

아빠가 추천하는 요일별 습관 시간을 노트에 적은 다음, 습관 계획표에 다음과 같이 피드백을 적었습니다.

〈아빠의 피드백〉

학교 수업, 학원 시간을 요일별로 정리했고, 아빠랑 찾아낸 습관 실천 시간을 참고해서 습관 계획표 85주차를 작성해보자.

일주일 일정을 이렇게 일목요연하게 정리하자, 아이는 몰랐던 사실을 알게 되어 기뻐하며 아빠의 조언을 받아들였습니다. 부모가 일방적으로 시간을 정해서 습관을 실천하라고 강요했다면 거부감이 있었겠지만, 아이와 같이 앉아서 서로 얼굴을 마주보며 하나씩 일정을 기록해나가니 반기는 눈치였습니다.

피드백 사례를 하나 더 소개하면, 84주차에 아이가 감사일기에 '아빠에게 체스 게임을 해달라고 졸랐는데 같이 해주어서 감사하다. 앞으로는 떼를 쓰지 않고, 아빠와 대화를 통해 지금 당장 못할 경우 언제 몇 시에 할지 설득하겠다'라고 적어놓았습니다. 그래서 저는 '아빠랑 체스하려고 할 때 떼쓰지 않고 설득하겠다는 다짐, 너무 좋은 생각이야!'라고 피드백을 남겼습니다.

아이의 다짐에 공감해주는 아빠의 피드백은 행동에 변화를 가져올 확률을 높일 뿐만 아니라 서로 좋은 관계를 유지시켜주는 다리 역할을 하게 됩니다.

지속력을 위한 보상 정하기
Payback

4단계

보상의 조건과 빈도도 중요하다

습관을 통해 변화를 이루려면 오랜 시간이 필요합니다. 하지만 사람들은 번개 불에 콩 볶아 먹듯이 즉각적으로 성장하거나 발전하고 싶어 합니다. 가시적인 성과가 눈에 보이지 않으니 이내 조급해지고, 원하는 목표를 곧 손에 넣지 못하면 이것저것 다른 목표를 기웃거리기 시작합니다.

그러나 새로운 목표도 전과 다름없다는 차가운 현실을 알아차리는 데에는 오랜 시간이 걸리지 않습니다. 그러면 다시 포기하고 또 다른 목표를 기웃거리는 악순환을 거듭합니다. 이 악순환의 고리를 끊어내기 위해서 반드시 필요한 것이 올바른 보상 시스템입니다.

1942년 미국의 심리학자 레오 크레스피(Leo Crespi)는 일의 수행 능률을 올리는 당근과 채찍이 효과를 내려면 그 보상 또는 벌의 강도가 점점 더 세져야 한다는 것을 실험으로 입증했는데, 이를 바탕으로 '크레스피 효과(Crespi Effect)'라는 말이 생겨났습니다.

크레스피 교수는 쥐의 미로 찾기 실험에서, A집단의 쥐들에게는 미로 찾기를 성공할 때마다 보상으로 먹이를 1개씩 주었고, 반면에 B집단의 쥐들에게는 먹이를 5개씩 제공했습니다. 당연한 결과지만, 보상을 5배나 더 많이 받은 B집단의 쥐들이 미로 찾기에 더 빨리 성공했습니다.

그런데 위의 실험을 여러 번 반복한 다음, 이번에는 보상 조건을 바꾸어 실험했습니다. 즉 A집단의 쥐들에게는 먹이를 1개에서 5개로 늘려주었고, B집단의 쥐들에게는 5개에서 1개로 대폭 줄였습니다. 그랬더니 A집단은 B집단이 처음에 먹이를 5개 받았을 때보다 훨씬 더 빠른 기록으로 미로 찾기에 성공했습니다. 반면에 B집단은 A집단이 처음에 먹이를 1개 받던 초기 기록보다 훨씬 낮은 기록을 달성했습니다.

이 실험 결과가 의미하는 바는 지금 현재 얼마만큼 당근과 채찍을 제공하느냐가 아니라, '바로 직전에 제공한 것보다 얼마나 더 많이 주느냐'가 관건이라는 사실입니다.

한편 커다란 보상보다는 작은 보상이 아이가 행동을 바꾸도록 동기를 부여하는 데 더 효과적이라는 연구 결과도 있습니다. 커다란 보상은 아이의 즉각적인 순응을 이끌어낼 수는 있지만, 자신의 행동에 대한 내적 책임을 지고 그 행동에 헌신하는 데는 도움이 되지 않는다고 합니다. 반면 작은 보상은 자신의 행동이 올바르기 때문에 그 행동을 했다고 믿게 만들 가능성이 더 큽니다.

아이를 위한 보상 프로그램 구성하는 법

부모가 아이를 위한 보상 프로그램을 구성하는 데에는 몇 가지 방법이 있습니다. 부모는 다양한 방법을 조합하여 내 아이에게 가장 잘 맞는 방법을 찾아야 합니다.

첫째, 직접적 접근 방법입니다. 예를 들어 밤 9시 전에 잠자리에 들면 책을 읽어주겠다는 것처럼 보상이 직접적인 경우이지요.

둘째, 아이가 긍정적인 행동을 할 때마다 차트에 별을 붙여주거나 스탬프를 찍어주는 포인트 시스템을 사용하는 것입니다. 아이가 긍정적인 행동을 할 때 즉각적으로 보상을 주지 않고, 약속한 수만큼의 별을 모으면 최종 보상을 제공하는 것입니다. 이 방법은 집 청소처럼 반복적인 행동을 습관화하려고 할 때 가장 효과적이며, 지연된 만족의 개념을 아이에게 가르칠 수도 있습니다.

아이에게 주는 작은 보상에는 단순히 금전적인 보상만 있는 것이 아닙니다. 책 읽어주기, 박물관 또는 공원 가기, 교육용 게임 사이트에서 게임하는 시간을 연장해주기 등도 포함됩니다. 보상 시스템은 아이가 행동을 바꾸도록 동기를 부여하는 입증된 방법이며, 올바르게 실행되면 아이가 스스로 자신의 행동에 책임감을 갖도록 가르칠 수도 있습니다.

이 외에 보상의 빈도도 아이의 동기부여에 중요한 고려사항 중 하나입니다. '물은 100℃에서 끓는다'라는 말은, 동기부여 측면에서 용기를 북돋기 위해 포기하지 말고 조금 더 힘을 내라는 의미로 자주 인용되지요. 많은 동기부여 전문가들은 물이 99℃에서는 끓지 않고 100℃에서 끓듯이, 우리의 노력이 결과로 나타나려면 일정한 임계점을 넘어야 한다고 주장합니다.

하지만 저는 생각이 조금 다릅니다. 앞의 말은 지금 내 노력의 온도가 0℃든 99℃든 아무런 보상도 받지 못한다는 것이지요. 아직 임계점을 못 넘었으니까요. 다시 말해 100℃에 도달하기 전 모든 노력의 온도는 동일하다는 것인데, 아이들이 선뜻 납득하기가 쉽지 않죠. 아이가 그 정도의 인내력이 있을까요?

따라서 부모는 아이의 노력의 온도를 점검하여 지금 몇 도인지 알려주고, 그에 따라서 적절한 보상을 해주어야 합니다. 그래야 중도에 포기하지 않고 100℃까지 도달할 수 있습니다. 무작정 너의 온도는 아직 100℃가 아니니 참고 더 노력하라고 강요한다면, 아이는 노력의 의미를 발견할 수 없고 열정도 고갈되어 중도에 포기할 확률이 높아집니다.

단군신화에 등장하는 호랑이와 곰은 인간이 되기 위해 쑥 한 줌과 마늘 20개로 100일을 버티기 위해 동굴 속에서 생활합니다. 곰은 100일을 버텨서 결국 여자의 몸을 얻게 되었지만, 호랑이는 중간에 동굴 밖으로 뛰쳐나갔지요. 하지만 만약 호랑이에게 중간중간 적절한 보상이 제공되었다면, 호랑이도 사람의 몸을 얻었을지 모릅니다. 3일이

지났을 때 다리의 털이 조금씩 사라지고 사람의 다리로 조금씩 변하는 보상을 받는다든지, 30일이 지났을 때 앞발이 사람의 손으로 변하고 뒷다리는 사람의 두 다리로 변하여 사람처럼 걷고 손으로 물건을 집어 들 수 있는 보상을 받았다면, 호랑이도 더 노력하여 사람이 되었을 수도 있지 않을까요?

성공하기 전까지 긴 시간 동안 아무런 보상도 주지 않다가, 성공하는 순간에 이제까지 모아두었던 보상을 한꺼번에 봇물처럼 쏟아내기보다는, 중간중간에 보상을 정산해주어야 할 필요가 있습니다. 이런 관점에서, 습관을 강화하기 위한 반복된 행동에는 주기적인 보상이 반드시 필요하다고 볼 수 있습니다.

『지속력─끈기 없는 우리 아이 좋은 습관 만들기 프로젝트』의 저자인 이시다 준에 따르면, 사람은 어떤 행동을 통해 좋은 결과가 나오면 그 행동을 반복하게 되어 있습니다. 이런 현상을 행동과학에서는 '좋은 결과에 의해 행동이 강화되었다'고 말합니다. 따라서 지속하고 싶은 행동을 강화하기 위해서는 행동 직후에 의도적으로 좋은 결과를 만들어주어야 합니다. 즉 칭찬하고 인정해주는 것입니다. 이시다 준은 어떠한 행동이 타인으로부터 인정을 받으면, 그 행동은 강화되어 다시 반복하게 된다고 강조합니다.

사례 내적 보상 ─ 아빠의 생각

보상 방법에는 크게 2가지가 있습니다. 앞에서도 설명했지만 하나는 내적 보상이고 다른 하나는 외적 보상입니다. 내적 보상은 아이가 스스로 느끼는 감정이며, 매일 습관에 성공적으로 실천하고 있다는 성취감이나 새로운 행동에 대한 재미를 느낄 때 경험하게 됩니다.

『4~7세 두뇌습관의 힘』의 저자 김영훈 박사는 남과의 비교가 아니라 '나의 성장이 곧 행복'이라는 단순한 명제가 내적 보상이라고 정의합니다.

반면 외적 보상은 본인 이외의 타인으로부터 금전적 보상이나 칭찬 등을 받을 때 경험하게 됩니다. 예를 들면 주변 사람들, 특히 부모가 제공하는 물질적 보상인 용돈이나 상은 물론이고, 칭찬이나 격려 등도 외적 보상의 좋은 예입니다.

은율이는 어떤 보상을 받고 있을까요? 우선 앞에서 소개했던 피드백 노트인 '아빠의 생각' 노트가 내적 보상에 해당됩니다. 아빠가 제공하는 피드백 노트 자체는 외적 보상이라고 할 수 있습니다. 그러나 피드백 노트에 아이의 발전된 모습을 빼놓지 않고 적어놓았기 때문에, 아이는 그것을 보며 스스로 예전보다 발전했다는 감정을 느낄 수 있습니다.

주중에 가끔 은율이에게 즉흥적으로 습관을 실천했는지 묻곤 합니다. 그러면 아이는 의기양양하게 "응, 했지요"라고 기쁨에 찬 목소리로 대답합니다. 매일 습관을 실천하고 작은 성공을 경험하면서 스스로 성취감을 느끼고 있는 것입니다. 질문에 당당하게 대답하는 순간도 아이에게는 내적 보상이 됩니다. 때로는 그제야 습관을 실천하지 않은 것을 기억해내고는 부리나케 책상에 앉을 때도 있지만 말입니다.

회사일로 해외출장을 갔을 때의 일입니다. 마지막 날 아침에 은율이에게 전화가 걸려왔습니다. 출장 온 일이 잘 해결되지 않아 일정대로 복귀할 수 없을 것 같았는데, 그 전날 밤에 아내에게 다행히 마지막에 일단락을 짓고 돌아갈 수 있을 것 같다고 알렸는데, 아이가 기쁜 마음에 확인차 전화를 한 것입니다. 전화를 끊을 무렵, 아이가 약간은 들뜬 목소리로 말했습니다.

"아빠, 나 습관 아주 성공적으로 잘하고 있거든요~"

아빠가 해외출장으로 부재중임에도 스스로 습관을 계획하고 실천하는 아이가 대견스러웠습니다. 아이도 그런 스스로가 무척 자랑스러웠던 모양입니다.

사례 외적 보상 — 금전적 보상과 스탬프 찍기

은율이에게 제공하는 외적 보상으로는 금전적 보상과 스탬프 찍기가 있습니다. 앞에서 소개했던 것처럼 분홍색 운동화를 갖고 싶어 했던 아이에게 습관을 잘 실천하면 용돈을 주기로 약속했고, 결국 아이는 원했던 분홍색 운동화를 사기 위해 매주 습관을 포기하지 않고 실천하는 데 성공했습니다.

용돈을 아무런 조건 없이 정기적으로 주는 것보다, 집안일을 돕거나 자기 방을 청소했을 때 준다면, 아이는 돈이 공짜로 생기는 것이 아니라 땀의 대가라는 것을 알게 되고, 경제 관념뿐만 아니라 성취감도 동시에 얻을 수 있게 됩니다.

독일에서 아이 셋을 키우고 있는 김중희 씨의 칼럼에 따르면, 독일의 부모들도 때가 되면 정기적으로 용돈을 주기보다는 집에서 할 수 있는 일을 시키고 준다고 합니다. 또한 독일 사람들은 어려서부터 아이에게 돈을 관리하는 법을 직접 가르치기 위해 타셴겔트(Taschengeld)라는 용돈을 주고, 초등학교에 입학하면 1주나 2주마다, 또는 한 달에 한 번 정해진 액수의 용돈을 정기적으로 주면서 용돈 계좌(Taschengeldkonto)를 별도로 만들어준다고 합니다.(출처: 다음 브런치 〈독일에서 아이 셋 키우기〉 중 2017년 10월 3일자 '독일에서 아이들 용돈과 비 오는 날의 데이트')

용돈을 이렇게 주는 이유는 아이가 용돈을 모아서 나중에 사고 싶은 장난감이나 책, 또는 가족의 생일선물이나 크리스마스 선물 등을 사고, 나머지는 저금하는 습관을 연습시키기 위해서라고 합니다. 즉 어릴 때부터 돈을 어떻게 규모 있게 쓰고 저축해야 하는지 스스로 경험할 수 있도록 가르치는 것입니다.

외적 보상의 단점 보완하기

외적 보상에는 단점도 있습니다. 아이가 원하는 물건을 손에 넣고 난 뒤에는 외적 보상의 효과가 사라질 수 있기 때문입니다. 그래서 부모는 아이가 외적 보상과 내적 보상을 동시에 경험하도록 도와주어야 합니다. 아이가 습관을 형성해가는 과정에서 보상은 매우 중요한 역할을 담당합니다. 무엇보다 보상의 편식을 벗어나 외적 보상과 내적 보상이 적절히 균형을 이루도록 도와주어야 합니다. 이것이 아이 습관 만들기 프로젝트의 핵심입니다. 이 과정에서 부모가 솔선수범하여 좋은 습관을 실천해야 하는 것은 당연합니다. 내 아이에게 가장 잘 맞는 방법을 찾기 위해 다양한 방법을 조합해보는 등 노력이 필요합니다.

"습관은 인간 생활의 위대한 안내자이다"

———

데이비드 흄

Part

아이 습관의 확장

혼자 공부하는
습관

아이에게나 부모에게나 유치원과 초등학교는 완전히 다른 세상입니다. 유치원을 졸업하고 초등학교에 입학하면 아이의 생활에 많은 변화가 생기기 때문에, 부모는 아이가 학교생활에 잘 적응할 수 있을지 걱정합니다. 무엇보다도 초등학생이 되면 공동체 생활에 필요한 수많은 규칙과 통제에 적응해야 하며, 지루한 수업시간을 참고 버티는 인내심을 배워야 하기 때문입니다.

또한 부모와 함께 보내는 시간보다 친구들과 보내는 시간이 점차 많아지면서 또 다른 환경에 노출됩니다. 이렇듯 초등학생이 된다는 것은 활동영역이 가정 중심에서 학교 중심으로 점차 확대됨을 의미합니다.

학습능력과 공부 정체감

초등학생이 된 아이가 새로운 변화에 적응하기 위해서는 그에 맞는 능력을 스스로 키워나가야 합니다. 초등학생에게 필요한 능력은 학습 능력과 새로운 환경에 대한 적응능력으로 크게 구분해서 생각해볼 수 있습니다.

먼저 학습능력은 새로운 지식을 습득하는 데 필요한 능력을 말합니다. 글자를 스스로 읽을 줄 알아야 하고, 기본적인 수 개념도 알아야 하며, 자신의 생각이나 의견을 말이나 글로 표현할 줄 알아야 하고, 창의력과 사고력을 길러야만 초등학교 생활에 비교적 잘 적응할 수 있습니다.

『초등학교 1학년 공부, 책읽기가 전부다』의 저자 송재환 선생님에 따르면, 초등학교 1학년이 되면서 가장 크게 변하는 것이 생활이 '듣기 위주'에서 '읽기 위주'로 바뀌는 것이라고 합니다. 읽기 위주의 생활이라니 도대체 어떤 의미일까요?

초등학교에 입학하기 전까지는 부모가 책을 읽어주는 경우가 많았지만, 이제 스스로 읽을 줄 알아야 합니다. 그래야 수업시간에 적응할 수 있고 숙제도 직접 해결할 수 있으니까요.

안타까운 현실은 아이의 생활이 읽기 위주로 전환되면서 '공부 정체감'이라는 새로운 녀석과 만나게 된다는 것입니다. 자아 정체감이 '나는 누구인가'에 대한 총체적인 느낌과 인지를 뜻하는 심리학 용어이니, 공부 정체감은 '공부란 무엇인가'에 대한 느낌과 인지라고 할 수 있습니다.

공부 정체감은 추상적인 개념일 수 있지만, 초등학교 1학년에 입학한 후 받아쓰기 시험을 보면서 수면 위로 모습을 드러내기 시작합니다. 아이가 처음 받아쓰기 시험을 보면 웃으면서 하지만, 몇 개 맞고 몇 개 틀렸는지 채점을 하게 되면 자기가 공부를 잘하는지 못하는지 같은 반 친구들과 비교하게 됩니다. 점차 받아쓰기 시험이 웃을 일이 아니란 걸 받아들이는 데는 오랜 시간이 걸리지 않습니다.

최근에는 학교장 재량으로 받아쓰기 시험을 시행하지 않는 학교가 늘어나고 있지만, 꼭 받아쓰기 시험이 아니더라도 과목별로 진행하는 각종 단원평가는 아이가 공부 정체감을 형성하는 데 결정적으로 영향을 줍니다.

새로운 환경에 대한 적응능력

또한 새로운 환경에 대한 적응능력도 필요합니다. 초등학교에 입학하면 학교의 시간표와 일과에 따라 규칙적으로 아침 일찍 일어나기, 책상에 앉아 있는 습관 들이기 등을 익혀야 합니다. 아침마다 조금 더 자려고 발버둥치는 아이와 학교에 보내기 위해 깨우려고 소리치고 달래는 부모와의 신경전은 어느 가정에서나 낯설지 않은 모습입니다.

무엇보다 아이가 수업시간인 40분 동안 한자리에 앉아서 움직이지 않아야 하는 답답함을 이겨내고 적응해야 합니다. 하지만 이제 막 유치원을 졸업한 아이에겐 쉽지 않은 도전입니다.

은율이도 책상에 앉아 공부를 시작한 지 5분도 지나지 않아 화장실에 간다고 일어나고, 주변의 작은 소리에도 반응하고 궁금해하며 자리를 벗어나곤 했습니다. 극약처방으로 엄마아빠가 아이의 방에서 함께 공부하기로 약속하고 지켜보면, 아이의 몸짓은 마치 행위예술가처럼 보일 정도였습니다. 머리카락을 쥐어뜯거나 다리를 떨 때도 있고 몸을 좌우로 비비 꼬기도 했습니다.

따라서 아이가 40분 동안 진행되는 수업시간에 집중할 수 있으려면 평상시에 혼자 공부하는 습관이 형성되어야 합니다. 인간은 망각의 동물이기 때문에 학교 수업과 학원 수업만으로는 부족합니다. 복습이 필요하지요. 따라서 아이가 지식을 소화하고 이해하려면 어려서부터 주도적으로 공부하는 습관이 반드시 만들어져야 합니다. 부모의 강요 때문이 아니라 아이 스스로 공부할 마음이 생기도록 만들어주는 것이 중요합니다.

삼동초등학교의 놀라운 변화

아이가 혼자 주도적으로 공부하는 습관이 왜 중요한지는 『혼자하는 공부의 정석』의 한재우 작가도 다음과 같이 강조하고 있습니다.

유명강사의 강의를 들어도, 복잡한 공부방법을 따라해도, 최신 정보를 놓치지 않아도, 공부에 돈을 쏟아부어도 우리가 공부를 잘할 수 없었던 이유는 공부는 혼자 하는 것이기 때문이었다. 그렇다. 혼자 공부해야 실력이 늘었다. 나도 그랬고, 내가 본 공부의 '신'들도 그랬다. 다들 최대한 많은 시간을 혼자 공부했다. (한재우, 『혼자 하는 공부의 정석』, 위즈덤하우스, 2018년, 328쪽)

EBS 다큐프라임 〈삼동초등학교 180일의 기록〉은 2009년 봄 남해 삼동초등학교에서 180일 동안 실시한 교육실험을 담은 다큐멘터리입니다.

삼동초등학교는 전교생이 76명인 작은 학교이며 교육환경이 낙후된 곳이었습니다. 그렇다 보니 아이들 대부분은 수업시간에 졸거나 지루해하고, 자기 집 안방에서처럼 하품하고 지우개 놀이를 하는 등 공부에 흥미를 느끼지 못하고 있었습니다.

4학년 담임인 이미나 선생님은 "공부하는 습관이 안 되어 있고, 왜 공부해야 하는지 의미를 모르는 아이들이 있어요"라고 말했습니다. 아이들도 "공부는 재미없어요", "열심히 해봤자 잘하게 될 것 같지 않아요"라고 체념하듯 말하고는, 집에 오자마자 가방을 던져놓고 친구들과 TV를 보거나 컴퓨터 게임에 빠져버렸습니다.

그런데 놀라운 일이 벌어졌습니다. 180일이 지난 후 아이들에게 꿈이 생기고 학업성적도 오른 것입니다. 한 학부모는 "새벽에 일찍 일어나는데, 아이가 제일 먼저 일어나서 공부를 하더라고요"라고 말했습니다. 인터뷰 내용을 들으며 제 귀를 의심했습니다. 겨우 180일이라는 짧은 시간 안에 어떻게 이런 엄청난 변화가 발생했는지 무척 궁금해졌습니다.

일본의 하치모리 초등학교, 무엇이 달랐는가?

일본의 서북부에 위치한 낙후된 시골 동네 아키타현은 2007년부터 2009
년까지 3년 연속으로 전국 초등학교 학력평가에서 1위를 했습니다. 아
키타현에서도 단연 돋보이는 성과를 낸 하치모리 초등학교의 교장인
미와 아케미 선생님은 인터뷰에서 확신에 찬 목소리로 "공교육의 사명
은 아이들에게 기초 학습능력을 길러주는 것, 미래에 스스로 자립해서
살아가는 힘을 길러주는 것"이라고 말했습니다.

아키타현의 학력 향상 프로젝트는 첫째, 노트 필기법 개발과 집에
서 복습하기, 둘째, 팀 티칭(Team teaching), 셋째, 서로서로 배우기로
정리할 수 있습니다.

노트 필기법 — 선생님의 피드백 노트

하치모리 초등학교의 노트 필기법은 수업시간에 배운 것을 재확인하
는 복습노트를 선생님에게 제출하는 것입니다. 아이들은 복습 공책에
자신이 하고 싶은 공부, 또는 연습이 더 필요한 공부를 한 후에 그 내
용을 기록합니다. 그리고 선생님은 각 학생의 노트에 빨간 펜으로 피
드백을 해줍니다. 이것은 단순한 오답 검사, 숙제 검사가 아닙니다.

선생님의 빨간 글자에는 각 학생들에 대한 관심과 애정, 그리고 철
저함이 그대로 녹아 있습니다. 선생님의 '피드백 노트'는 아이들의 메
타인지를 향상시켜 스스로 부족한 과목을 알아서 공부하게 만들어줍
니다. 이 학교의 6학년 학생인 오타 미와루는 "여러 가지 공부를 해

요. 산수 또는 잘 못하는 과목을 골라 공부해서 더 잘할 수 있게 하는 거예요"라고 인터뷰에서 해맑게 웃으며 말했습니다.

팀 티칭 — 한 수업에 2명의 교사

팀 티칭 제도는 수학 같은 주요 과목의 경우 학력격차를 줄이기 위해 한 수업에 2명의 교사가 투입되는 수업 방식입니다. 수업시간에 보조 교사가 수업 내용을 따라가지 못하고 이해 못하는 아이들을 대상으로 1대1로 지도해주는 것입니다.

특히 아키타현 선생님들은 아이들이 말을 많이 하고 직접 쓰게 만들었습니다. 선생님이 질문하고 답을 말하는 게 아니라 아이들이 직접 생각을 하도록 유도하고, 어떤 대답을 하더라도 "열심히 생각했구나" 또는 "발표를 잘했다"라고 칭찬을 아끼지 않았습니다.

서로서로 배우기 — 학생 주도형 수업

선생님이 학습목표만 간단히 설명해주면 아이들끼리 삼삼오오 모여 서로 함께 설명하고 배우는 방법입니다. 선생님이 가르쳐주면 고개를 갸우뚱하던 아이들이 같은 반 친구가 눈높이를 맞춘 언어로 가르쳐 주니 "아, 알겠다"라며 더 쉽게 이해하기 시작했습니다. 하치모리 초등학교 6학년 선생님인 모리 아츠시는 "사고력은 표현하는 힘입니다. 아는 것과 표현하는 것은 다르니까요"라고 말하며, 아이들이 자기 언어로 설명하는 힘이 얼마나 중요한지 강조했습니다.

왜 자기주도 공부 습관이 중요한가?

EBS 다큐프라임 제작진은 일본의 성공 사례를 우리나라에 도입해보기로 하고, 경상남도 남해군에 있는 작은 학교인 삼동초등학교에서 실험을 실시했습니다. 삼동초등학교 선생님이 직접 일본 아키타현을 방문해 성공 사례를 벤치마킹한 다음 팀 티칭, 집에서 복습 노트 작성 등을 도입하여 실천하기 시작했습니다. 다음은 이 학교 4학년 이다혜 양의 말입니다.

국어든 수학이든 사회든 공부한 주제가 이 '복습 노트'에 있거든요? 거기서 찾아서 복습 노트의 '공부한 주제 칸'에 주제를 써요. 그 다음 여기서 공부한 내용을 '공부한 내용' 칸에 쓰는 거예요. 그것을 하루에 한 장씩 하는 거예요.

여기에서 『혼자하는 공부의 정석』의 한재우 작가의 말을 좀 더 들어볼까요?

아주 거칠게 이야기하자면 공부란 결국 다음 3단계의 반복이다. ① 읽는다 ② 외운다 ③ 외웠는지 확인한다. '할 수 있다'라는 느낌은 ③번을 해냈을 때 온다.
　여기서 ①~③번은 모두 완전히 혼자 힘으로 해야 하는 과정이다. 좋은 참고서도 유명한 강의도 스마트한 학습도구도 그 자체는 공부가 아니며 그저 ①~③번을 거드는 조연일 뿐이다. (한재우, 『혼자하는 공부의 정석』, 위즈덤하우스, 2018년, 328쪽)

2018년 서울대학교 수학교육과에 입학한 한 학생의 공부방법은 한재우 작가가 강조한 혼자 힘으로 공부하는 과정의 중요성을 잘 뒷받침해주고 있습니다. 이 학생의 말을 들어보죠.

수학의 경우, 저는 어려운 문제를 창의적인 풀이를 떠올려 천재처럼 풀어내는 능력이 없다고 생각했기 때문에, 최대한 많은 문제를 풀면서 각 문제에 활용되는 기술을 다른 문제에도 대입하는 것에 초점을 맞추어 공부했습니다.

암기 과목들은 여러 번 읽고 난 후 바로 내용을 가린 다음, 앞에 선생님이 있다고 생각하며 설명해보는 것을 반복하는 식으로 외웠습니다. 그리고 한 내용을 다 외웠으면 다음 날도 테스트를 해서 또 암기했는지 점검했습니다. 이를 5일 정도 연달아 하면 암기가 되었습니다. (서울대 유모 학생, 필자의 이메일 설문조사 중에서, 2018년 3월)

삼동초등학교 아이들이 왜 집에서 복습 노트 작성을 게을리하지 않았는지 곰곰이 생각해볼 필요가 있습니다.

자기주도 공부습관을 익히려면

앞에서 소개한 서울대생의 사례처럼, 혼자 하는 자기주도 공부습관은 쉽게 만들어지지도, 단기간에 형성되지도 않습니다. 그러므로 삼동 초등학교 아이들처럼 어려서부터 선생님과 부모가 힘을 합쳐서 아이가 스스로 공부하는 습관을 강화하도록 체계적이고 올바른 방법으로 이끌어야 합니다.

초등학생의 뇌가 더 이상 소화할 수 없을 만큼 많은 양의 지식을 주입시켜봐야 곧 흘러넘쳐 잊어버리게 됩니다. 중요한 것은 태도입니다. 어린 시절에 얼마나 탄탄한 공부습관을 형성했는가에 따라 아이의 인생은 달라질 수 있습니다. 소아청소년정신과 전문의인 오은영 박사도『불안한 엄마 무관심한 아빠』에서 공부의 '태도'에 대하여 다음과 같이 강조했습니다.

> 우리 아이들이 공부를 해야 하는 이유는 '그 열심히 하는 태도'를 배우기 위해서다. 어차피 공부로 먹고사는 사람은 소수다. 내 아이가 이다음에 무엇을 할지는 아무도 모른다. 아이는 요식업을 할 수도, 장사를 할 수도, 회사에 다닐 수도, 엔지니어가 될 수도 있다. 그때를 위해 필요한 것은 지금 배우는 지식의 양이 아니라 '열심히 하는 태도'다.
> (오은영,『불안한 엄마 무관심한 아빠』, 김영사, 2017년, 404쪽)

앞에서 아이가 초등학생이 되면 학습능력과 새로운 환경에 대한 적응능력을 키워나가야 한다고 설명했습니다. 그런데 과연 학교 선생님의 힘만으로 충분할까요? 아닙니다. 역부족이지요. 아이가 초등학교에 입학하면서 학교에서 보내는 시간이 많아지긴 했지만, 여전히 하루의 절반 이상은 집에서 보내야 합니다. 그래서 가정에서도 아이가 새로운 세상에 잘 적응할 수 있도록 많은 부분에서 도와주어야 합니다.

아침에 정해진 시간에 규칙적으로 일어나서 세수하고 옷을 갈아입고 준비물을 챙겨서 학교에 혼자 걸어가는 등 작은 일에서부터 스스로 해결할 수 있도록 연습시켜야 합니다. 이 시기에는 부모의 도움 없이도 혼자서 꿋꿋하게 살아가는 법을 터득하도록 가르치는 것이 무엇보다도 중요합니다.

시인 데이비드 커디안이 "어린 시절 배운 것은 돌에 새겨지고, 어른이 되어 배운 것은 얼음에 새겨진다"고 말했듯이, 초등학교 저학년은 좋은 습관을 만들기 시작해야 하는 최적의 시기입니다.

초등학교 1학년 때 형성된 올바른 공부습관이 나머지 학창 시절을 지배한다고 하니, 부모는 삶의 조력자로서 아이가 자기주도 학습을 습관화할 수 있도록 시기를 놓치지 말고 도와주고 지도해주어야 합니다.

시간관리와
자기관리

은율이가 습관 실천에 계속 실패한 이유

'계속 놀고 있어 습관 실천 시간을 놓쳤다.'

2017년 3월 9일 목요일, 은율이가 습관 계획표에 적어놓은 실패 이유는 이처럼 간단했습니다. 이날은 그림 감사일기를 오후 4시 30분에 쓰기로 스스로 계획한 날입니다. 그러나 시간을 한참 넘겨 약 4시간 후인 오후 8시 19분에 실천했고, 그 이유가 바로 계속 놀고 있어서 시간을 놓쳤기 때문이라고 적어놓은 것입니다.

실패 이유를 읽고 당황했지만 금방 이해가 되었습니다. 평상시 학교가 끝나면 친구와 놀이터에서 놀거나, 또는 집에서 동생과 만들기 놀이를 하고 만화책을 읽거나 TV를 보곤 했습니다. 정신없이 놀다 보니 시간이 흐르는 것을 몰라 놓치는 경우가 많았던 것입니다.

탁상용 알람시계를 선물하다

아이가 자발적으로 습관 실천 시간을 정해서 실천하겠다고 약속했지만, 저는 어떻게 하면 시간을 까먹지 않게 도와줄 수 있을까 고민하기 시작했습니다. 그리고 앞에서도 소개했듯 탁상용 알람시계를 선물해야겠다는 생각이 들었습니다.

습관 계획표에 일주일 동안 실천할 시간을 직접 적어놓았기 때문에, 전날 밤에 다음 날의 습관 실천 시간에 알람이 울리도록 맞추어놓으면, 시간을 놓치지 않고 실천할 확률이 높아질 것이라 기대했습니다. 그리고 아이에게 매일 습관을 실천할 시간에 알람이 울리도록 시계를 맞추는 방법을 알려주었습니다.

데드라인 효과에 주목하다

처음부터 은율이가 습관 계획표에 실천 시간을 적고 실제 실천 결과 및 시간을 기록한 것은 아닙니다. 첫 출발은 엉성했습니다.

다음은 2016년 8월 1일, 1주차의 습관 계획표입니다. 표에서 보듯, 한 주 동안의 습관 목록을 요일별로 기록한 뒤 실천하면 ○ 표시, 실패하면 × 표시를 했습니다. 초기에는 하루 중 몇 시에 습관을 실천할지 그 계획을 기록하지 않았습니다.

그런데 약 6, 7개월 정도가 지나자, 습관을 차일피일 뒤로 미루다가 금요일이나 토요일에 몰아서 실천하는 날이 늘어났습니다. 어떻게 하면 뒤로 미루려는 유혹을 차단할 수 있을까 고민했습니다.

은율이의 1주차 습관 계획표

		8/1(월)	8/2(화)	8/3(수)	8/4(목)	8/5(금)	8/6(토)	총점
습관 목록		그림일기①	독서록	아빠는 노트 선생님	그림일기②	수학탐구	대화탐구	
성공 (O,X)	결과	○	○	○	○	○	○	100점 (6/6)
	실패 이유	오늘 밤 9:40분 약속했으니까						
실패한 날 언제 할 건가요?		실천날짜 8/3일(수)						

> 초기 버전, 실천 시간을 기록하는 란이 없었습니다.

그러던 중 우연히 최종기한이 정해져 있을 때 일에 더 집중한다는 '데드라인 효과(Deadline Effect)'가 생각났고, 아이와 의논한 끝에 습관을 실천하기로 계획한 시간과 실제 실천 시간을 계획표에 적어놓기로 합의하는 데 성공했습니다.

247쪽의 표는 32주차 습관 계획표입니다. 이전까지와는 다르게 습관을 실천할 시간을 적는 란을 마련했습니다. 예를 들면 3월 6일 월요일에는 '아빠는 노트 선생님' 습관을 실천할 예정이며 예정 시간은 오후 4시30분이라고 적어놓았네요. 그리고 습관을 실천한 다음에는 실제로 실천 시간을 기록하게 함으로써 얼마나 시간 약속을 잘 지켰는지 확인합니다. 표를 보면 원래 예정 시간보다 조금 늦은 오후 5시 3분에 실천한 것을 알 수 있습니다.

그런데 목요일은 좀 심각합니다. 원래는 그림 감사일기를 오후 4시 30분에 쓰려고 계획했지만, 결국 약 4시간이 지난 오후 8시 19분에 실천했습니다. 예전 같으면 실천했다는 사실만으로도 칭찬받아 마땅하지만, 약속시간을 지키지 못한 이유를 확인할 필요가 있었습니다. 은율이가 적어놓은 실패 이유는 간단했습니다.

'계속 놀고 있어 습관 시간을 놓쳤다.'

저는 성인들을 대상으로 운영 중인 '습관홈트 일일 실천 프로그램' 참가자들에게는 습관을 실천할 시간을 별도로 정하지 않도록 권유하고 있습니다. 그 이유는 시간 기준, 또는 행동 기준 습관은 하루 중 단 한 번의 정해진 시간, 또는 행동을 놓치면 실천이 불가능하기 때문입니다. 그런데 시간 기준 습관 관리란 뭘까요?

은율이의 32주차 습관 계획표

	3/6(월)	3/6(화)	3/7(수)	3/8(목)	3/9(금)	3/10(토)	총점
습관 목록	아빠는 노트 선생님	책, 독서록	한자쓰기	감사일기	일기쓰기	책읽기	
성공 (O,X) 결과	O	O	O	O	O	O	100점 (6/6)
성공 (O,X) 계획	오후 4:30	오후 5:00	오후 7:00	오후 4:30	오후 5:00	오후 7:00	100점 (6/6)
성공 (O,X) 실천	오후 5:03	오후 5:12	오후 5:12	오후 8:19	오후 5:12	오후 7:12	100점 (6/6)
실패 이유				계속 놀고 있어 습관 시간 또 놓쳤다.			

*습관 계획표에 계획 시간과 실제 실천 시간을 기록하는 란을 추가했습니다.

시간 기준 습관 관리가 필요하다

시간 기준 습관 관리란 매일 정해진 시간에 습관을 실천하는 방법입니다. 예를 들어 매일 '오전 6시에 일어나 30분 동안 조깅을 하겠다'와 같이 '오전 6시'라는 시간을 기준으로 습관을 실천하는 것이지요.

반면 행동 기준 습관 관리는 어떤 특별한 행동을 하면 무의식적으로 그 행동에 연속하여 습관을 실천하는 방법입니다. 예를 들어 잠들기 전에 샤워를 하고 팔굽혀펴기를 하는 것처럼, '샤워'라는 특별한 행동을 할 경우 연속하여 그 다음 행동, 즉 여기서는 팔굽혀펴기라는 행동을 유발하게 하는 습관 실천 방법입니다.

하지만 시간 기준, 또는 행동 기준 습관 실천 방법은 그 기준이 무너지면 습관 만들기에 실패하게 된다는 치명적인 단점이 있습니다. 시간과 행동에 의존하다 보니 실패할 확률이 높고, 또한 실패가 며칠 지속되다 보면 학습된 무기력에 빠져 아예 포기할 확률이 높아집니다. 그래서 성인의 경우에는 시간 또는 행동 기준에 의한 습관 실천 방법은 지양하고, 대신 잠들기 전까지 시간 제약 없이 아무때나 습관을 실천하도록 조언하고 있습니다.

그러나 아이들은 스스로 시간을 통제할 능력이 부족합니다. TV를 보거나 친구들과 운동장에서 신나게 뛰어놀다 보면 시간이 훌쩍 지나가버립니다. 그래서 습관을 실천할 시간을 강제적으로 정해놓아야 잠재의식 속에 각인되어 까먹지 않고 실천할 확률이 높아집니다.

자발적인 데드라인 효과란?

심리학자 아모스 트버스키(Amos Tversky)와 엘다 샤퍼(Eldar Shafir)는 해야 하는 일과 시간에 대한 실험을 실시했습니다.

학생들을 두 그룹으로 나눈 다음에 설문지를 작성해오면 5달러를 주겠다고 했습니다. 단, A그룹에게는 5일이라는 기한을 줬고, B그룹에게는 기한을 정하지 않았습니다. 그 결과 납기일이 있었던 A그룹 학생들은 66%가 5달러를 받으러 왔지만, 정한 기한이 없었던 B그룹의 학생들은 겨우 25%만이 5달러를 받으러 왔습니다. 이것이 '데드라인 효과(Deadline Effect)'입니다. 즉, 최종 기한이 정해져 있을 때 더 집중하는 현상을 말합니다. 따라서 어떤 일의 실행률을 높이기 위해서는 데드라인을 명확히 설정할 필요가 있습니다.

하지만 데드라인을 정해놓으면 시간에 쫓기게 되어 일이나 공부가 즐겁지 않게 될 수도 있습니다. 마감시간에 대한 압박이 심해질 수 있지요. 다시 말해 데드라인 효과의 가장 큰 단점은 일이나 공부의 즐거움을 반감시킨다는 것입니다.

사례 데드라인 효과의 단점 보완하기

그렇다면 데드라인 효과의 단점을 보완할 방법은 무엇일까요?

행동경제학자 댄 애리얼리(Dan Ariely)와 클라우스 베르텐브로흐(Klaus Wertenbroch)는 MIT 학생들을 대상으로 실험을 진행했습니다. 학생들에게 자료를 주고 문법이나 철자가 잘못된 것을 찾게 하고 오류를 바로잡으면 1개당 10센트를 주는 대신, 마감 기한에서 하루 늦을 때마다 1달러의 벌금을 물게 했습니다.

A그룹에게는 최종 제출일을 정해줬고, B그룹은 7일에 1번씩 3번에 걸쳐 제출하도록 했으며, C그룹은 스스로 마감기한을 정하도록 했습니다. 결과는 어땠을까요?

A그룹은 마감 기한 준수와 수행 업무의 질이 모두 가장 나빴고, B그룹은 기한과 업무의 질 모두 뛰어난 성과를 보였습니다. 하지만 B그룹의 학생들은 즐겁지 않았습니다. 노동의 즐거움은 B그룹이 가장 낮았고 대신 C그룹의 즐거움이 가장 컸습니다. 왜 그럴까요?

B그룹은 시간에 쫓기니 일이 즐겁지 않고 마감에 대한 압박이 너무 심했기 때문입니다. 데드라인 효과의 가장 큰 단점은 일의 즐거움을 반감시킨다는 것이 증명된 셈입니다. 반면에, C그룹은 스스로 데드라인을 정했습니다. 스스로 데드라인을 정하고 일을 했을 때 성과와 노동의 즐거움이라는 두 마리 토끼를 모두 잡을 수 있었던 것입니다.

이 실험이 우리에게 던지는 교훈은 간단합니다. 자율적으로 시간을 정하고 관리하여 집중하면 일의 성과와 노동의 즐거움이 더 커진다는 것입니다.

하버드대학교 심리학 교수인 대니얼 길버트(Daniel Gilbert)는 『행복에 걸려 비틀거리다』에서 인간은 자발적으로 선택한 행동을 통해 즐거움을 경험한다고 말하고 있습니다. 그의 말을 직접 들어보겠습니다.

사람들은 복권 숫자를 자신이 정할 때 당첨될 확률이 더욱 높다고 믿으며, 주사위 게임에서도 자신이 직접 주사위를 던질 때 이길 확률이 더 높다고 생각한다. 그뿐 아니라 사람들은 이미 던져진 알 수 없는 주사위 숫자보다는 아직 던지지 않은 주사위 숫자에 더 많은 돈을 걸며, 어떤 숫자를 당첨 숫자로 할 것인지를 스스로 정할 때 더 많은 돈을 거는 경향이 있다.

'우리는 왜 미래를 통제하고 싶어 하는 것일까?'라는 질문의 기막힌 정답은 바로 통제를 통해 우리가 즐거움을 경험하기 때문이다. 뭔가에 영향을 끼치는 것은 우리를 기쁘게 한다. 시간의 강을 따라 자신의 배를 스스로 조정해가는 것은 향하는 항구가 어디냐에 상관없이 커다란 기쁨의 원천이 된다. (대니얼 길버트, 『행복에 걸려 비틀거리다』, 서은국 역, 김영사, 2016년, 371쪽)

다시 알람시계를 사주었던 35주차로 돌아가보겠습니다. 과연 알람시계가 습관 실천 시간을 놓치지 않고 할 수 있도록 도움을 주었을까요?

데드라인 효과를 적용한 후의 습관 계획표

다음은 알람시계를 처음으로 사용한 35주차(3월 27일~4월 1일)의 습관 계획표입니다. 결과를 확인해보니 계획한 시간에 알람이 울리기도 전에 습관을 실천한 날이 이틀(월요일, 금요일)이나 있었습니다. 알람이 울리고 1시간 안에 실천한 날은 3일(화요일, 수요일, 목요일)이나 되었지요. 즉 총 6일 중 약속한 시간 안에 습관을 실천한 날이 5일이나 되었습니다.

다만 토요일에는 할머니댁 방문으로 '한자 5개 쓰기' 습관을 실천하지 못했습니다. 대신 다음 날(일요일) 오전 8시에 습관을 실천했습니다. 비록 토요일 하루는 할머니댁 방문이라는 특수 상황 때문에 알람시계의 효과가 없었지만, 분명 나머지 날에는 효과가 있었음을 확인할 수 있습니다.

은율이의 35주차 습관 계획표

습관 목록		3/27(월)	3/28(화)	3/29(수)	3/30(목)	3/31(금)	4/1(토)	총점
		책(아주 무서운 날)	감사일기 (그림)	일기쓰기	독서록	아빠는 노트 선생님	한자쓰기	
성공 (O,X)	결과	O	O	O	O	O	O	
	계획	오후 5:30	오후 7:00	오후 6:50	오후 8:00	오후 8:00	오후 7:00	100점 (6/6)
	실천	오후 5:23	오후 7:19	오후 6:53	오후 8:15	오후 7:31	다음날 오전 8:00	
	실패 이유						할머니집 방문 일요일 오전 8시 실천	
실패한 날 언제 할 건가요?								

* 데드라인 효과를 적용하자 목표 100% 달성은 물론, 스스로 예정시간보다 일찍 습관을 실천한 날이 이틀이나 생겼습니다.

습관 실천 시간, 처음부터 강요하면 실패한다

하지만 주의할 점이 있습니다. 처음부터 습관 실천 시간을 강요하면 아이가 거부감을 가질 수 있습니다. 보통 3개월 정도면 뇌뿐만 아니라 몸도 습관을 기억합니다. 그러므로 습관을 3개월 정도 실천한 다음, 아이가 스스로 실천 시간을 정하고 기록하도록 지도한다면 거부감이 생각보다 크지 않을 수 있습니다.

자율성은 습관 실천의 책임감을 자연스럽게 고취시키는 역할을 합니다. 무엇보다 강압적인 지시가 아니라 스스로 정한 일정이기 때문에 즐겁게 실천할 수 있습니다. 대니얼 길버트가 "인간은 미래의 통제를 통해 즐거움을 경험한다"라고 말한 것처럼, 주택복권보다 로또가 더 중독성이 강한 이유는 구매자가 직접 숫자를 선택할 수 있기 때문이라는 것을 기억하세요.

습관 계획표, 스스로 작성이 중요한 이유

성인의 습관 만들기와 달리, '아이 습관 만들기 프로젝트'에서 특히 주의할 점은 아이가 잠들기 전까지 하루 중 아무 때나 습관을 실천하도록 놓아두면 시간관리 능력과 자제력이 부족한 경우는 실패할 확률이 높아질 수밖에 없다는 사실입니다. 따라서 아이에게 자율성을 부여하되, 요일별 습관 목록과 실천 시간을 스스로 결정하도록 부모가 옆에서 지도하고 도와주어야 긍정적인 데드라인 효과를 거둘 수 있습니다.

아이가 지속력을 유지하는 비밀은 심리학 교수이자 『설득의 심리학』의 저자인 로버트 치알디니의 글에서도 발견할 수 있습니다.

글로 생각을 표현하는 것이 가장 효과적으로 사람을 변화시키는 방법이 되는 또 다른 이유는 그 글로 인하여 글쓴이의 생각이 공식화되기 때문이다. (중략) 만일 우리가 어떤 일에 대하여 분명한 입장을 취하고 있다는 사실을 남이 알게 되면, 우리는 그러한 입장에 일관되게 행동해야 한다는 심리적 압박을 받게 된다.

일관성이 있는 사람은 이성적이며 확실하고 믿을 수 있으며 강인한 정신력을 가진 사람으로 인식되는 반면에, 일관성이 없는 사람은 변덕스러우며 분명하지 않으며 안정성이 없고 정신이 산만하여 이랬다저랬다 하는 사람으로 인식되고 있다. 따라서 사람들은 자기 이미지가 공식화되면 될수록 그 이미지를 벗어나는 행동을 하지 않게 된다. (로버트 치알디니, 『설득의 심리학』, 황혜숙 역, 21세기북스, 2013년, 432쪽)

아이가 자기 손으로 직접 습관 계획표에 글로 표현하는 순간, 아이의 계획이 공식화되기 때문에 자기 이미지, 즉 '습관을 실천하는 반짝반짝 빛나는 어린이'라는 이미지에서 벗어나지 않으려고 조금 더 노력하게 됩니다. 그것이 은율이가 약 2년여 동안 습관을 포기하지 않고 지속해오고 있는 원동력이 아닐까 생각합니다.

아이의 습관 만들기는 시작하기가 쉽지 않습니다. 어떻게, 어디서부터, 어떤 기준으로 시작해야 할지 경험해보지 않았기 때문에 더 망설이게 됩니다. 그 막연한 망설임 때문에 시작을 주저하는 많은 부모님들이 저와 은율이가 약 2년 동안 경험한 실패와 좌절, 그리고 성공의 과정을 통해 조금이나마 힌트를 얻었으면 좋겠습니다.

공부 거부감 없애고
집중력 높이기

우리는 운동을 시작하기 전에 가벼운 체조나 스트레칭부터 합니다. 수영할 때 준비운동 없이 물에 뛰어들면 갑작스러운 온도 변화에 심장이 대처하지 못해 심장발작이나 심장마비가 올 수도 있지요.

프로야구 선수들마저도 준비운동 없이 바로 경기에 참가했다가 햄스트링(Hamstring) 부상을 당했다는 기사를 종종 접하게 됩니다. 햄스트링은 허벅지 뒤쪽에서 골반과 무릎 관절을 연결하는 근육과 힘줄입니다. 프로선수라 해도 스트레칭이나 가벼운 러닝으로 미리 몸을 풀어주지 않고 경기에 참여하면 갑작스런 방향 전환이나 전력 질주를 해야 하는 상황에서 근섬유가 끊어지는 부상을 당할 수 있습니다.

두뇌도 우리 몸의 일부입니다. 따라서 두뇌에도 준비운동이 필요합니다. 하지만 부모들은 이러한 사실을 간과하고 처음부터 아이들에게 무리한 요구를 3, 4개씩 한꺼번에 퍼붓습니다. 학교에서 돌아오자마자 연산 문제 10페이지를 풀라거나 영어 단어 20개를 쓰고 외운 다음 학교 숙제를 하라는 식이지요. 이렇게 부모가 요구하는 개수도 많고 난이도도 높으면 아이는 시작도 하기 전에 움츠러들고 뇌의 저항감도 커지게 됩니다. 저항감 지수가 높아진 아이는 부모의 요구에 반기를 들기 시작합니다. 그러다 말다툼이라도 하게 되면 기분이 상할 대로 상했기에, 책상에 앉아 책을 펼치더라도 한번 화가 난 감정은 쉽게 진정되지 않고 당연히 공부에 집중도 잘 안 되지요.

아이는 엄마가 방을 나가는 순간 평소 좋아하는 행동을 몰래 하기 시작합니다. 예를 들면 만화책을 읽거나 그림을 그리거나 장난감을 가지고 놀기 시작합니다. 아이의 뇌가 준비운동을 할 시간도 주지 않고 부모가 욕심을 부리면 관계만 나빠질 뿐입니다.

부모가 해야 할 일은 요구사항만 열거하는 욕심을 잠시 멈추고, 아이가 공부하고 싶은 마음이 들도록 만들어주는 것입니다. 아무리 공부를 잘하는 학생이라도 공부하기 싫은 날이 분명 있습니다. 하물며 아직 전두엽이 성숙하지 않은 아이에게 무작정 놀기보다는 공부에 집중하라고 한다면 쉽게 받아들이지 못하지요. 그러니 저항감만 높아지고 심할 경우 부모를 원망하며 미워하게 됩니다. 이런 일이 반복되면 장기적으로도 아이와의 관계를 망치는 악순환에 빠질 수 있습니다.

이제 아이가 공부에 집중할 수 있도록 도와주는 2가지 방법을 소개하겠습니다.

공부 집중력, 시작 전 운동이나 놀이

아이들은 공부하기 전에 운동이나 놀이를 하면 다음 행동인 공부에 집중할 확률이 높아집니다. 부모가 운동이나 놀이를 함께 해준다면, 이어서 아이의 공부습관도 쉽게 형성될 것입니다.

『초등 6년 공부습관, 중고 6년 좌우한다』의 저자인 김수정 선생님은 아이가 공부를 안 하고 집중하지 못한다면, 잠시 쉬게 하고 신체활동을 충분히 하게 한 다음 책상에 앉게 하라고 권합니다. 신체활동을 충분히 한 아이들은 전정계(Vestibular system: 귀 내부 달팽이관과 반고리관 사이에 있는 부분으로 균형을 유지하는 기능)가 활성화되어 공부에 집중할 수 있는 상태가 됩니다.

실제로 김수정 선생님은 학기 초 시간표를 짤 때 항상 첫 시간에 체육 수업을 배정한다고 합니다. 1교시에 체육을 하고 들어오면 집중이 안 되고 어수선하고 떠들썩할 것 같지만, 체육이 끝난 후 2~3시간 정도는 매우 정돈된 자세로 차분하게 수업에 집중하는 모습을 볼 수 있다고 합니다. 이는 신체활동을 통해 감각기능이 원활해져 집중력이 향상되기 때문입니다.

『혼자하는 공부의 정석』에서 한재우 작가도 운동의 중요성을 다음과 같이 뒷받침해주고 있습니다.

> 단언컨대, 공부의 시작은 운동이며, 공부를 잘하고 싶은 사람은 운동부터 해야 한다. (중략)

미국 네이퍼빌 203학군에서 0교시 체육수업을 실시하자 학생들이 갑자기 공부를 잘하기 시작했다. 미국 캘리포니아주에서 100만 명이 넘는 학생들의 자료를 조사한 결과, 운동능력이 뛰어난 학생들이 그렇지 못한 학생들보다 2배나 높았다.

운동을 하는 사람이 공부를 잘하는 이유는 3가지다. 첫째, 운동을 하면 뇌에 산소와 영양분이 공급되므로 우리 뇌는 최고의 상태가 된다. 둘째, 운동을 하면 뇌의 시냅스에서 신경전달물질의 양이 늘어나 효과적으로 정보가 전달된다. 셋째, 운동을 하면 뉴런이 자라나 저장할 공간이 많아진다. (한재우, 『혼자하는 공부의 정석』, 위즈덤하우스, 2018년, 328쪽)

사례 공부 집중력, 시작이 쉬워야 한다

아이의 뇌가 공부에 대한 거부감을 최소화하기 위해서는 시작이 아주 쉬워야 합니다. 처음부터 어려운 과제보다는 상대적으로 쉽고 가벼운 과제를 한다면 거부감의 강도를 낮추고 쉽게 그 과제를 시작하게 됩니다. 일단 활성화 에너지가 아이를 움직이게 하면, 아이는 쉬운 과제를 성공하게 되고 성취감이 높아지게 됩니다.

은율이가 독서록을 써야 하는 날이었습니다. 그날 습관을 실천하기로 계획한 시간은 오후 9시였습니다. 퇴근 후 집에 오후 9시 30분쯤 왔는데, 친척 아이들이 놀러와서 그런지 거실은 시장바닥처럼 시끄러웠습니다. 혹시나 해서 아이에게 조용히 오늘 습관을 실천했는지 물어보았습니다.

돌아온 대답은 당연히 아직 하지 않았다는 것이었지요. 계획한 시간이 많이 지났으니 독서록을 쓰고 놀라고 설득했지만 짜증을 냈습니다. 나중에 투덜거리며 공부방으로 가긴 했지만 마음은 온통 거실로 향해 있었습니다. 그런데 아내가 한몫 거들었습니다. 연산 문제를 몇 페이지까지 풀어야 하고, 연산 문제를 다 풀고 나면 학교 준비물까지 챙기라고요. 아이의 뇌는 이미 포화상태가 되어버렸습니다.

아이에게 한 가지만 지시해도 할까 말까인데, 한꺼번에 너무 많은 할 일을 강요하면 실천할 엄두가 나지 않는다고 아내를 설득했습니다. 비록 몇 분 동안 옥신각신했지만 현명한 아내도 이해했기에, 그날의 습관부터 실천하는 것으로 협의했습니다.

그다음에는 아이를 설득해야 하는 과정이 남아 있었습니다. 물론 습관을 실천하는 것보다 오랜만에 만난 친척 언니들과 떠들고 노는 것이 훨씬 재밌다는 것을 아빠인 제가 모를 리 없습니다. 그렇지만 계속 설득했습니다. 양념처럼 협박도 섞어가며 구슬렀지요. 하지만 아이는 쉽게 넘어오지 않았습니다. 마지막 수단으로 "아빠는 우리 딸을 믿는다"라고 말하고는 공부방에 혼자 놔두고 나왔습니다. 생각할 시간을 주려는 의도였습니다.

10분 정도 지난 다음, 방 문을 열어보았더니 예상대로 입이 잔뜩 튀어나온 모습으로 삐쳐 있었습니다. 그래도 무언가 공책에다 끄적거리고 있었습니다. 20분 정도 지나자, 불쑥 방에서 나오더니 독서록 공책을 내밀었습니다. 저는 웃음을 참으며 공책을 읽어내려갔고 이윽고 폭풍 같은 칭찬을 했습니다. 글씨도 예쁘게 잘 썼고, 느낀 점과 책의 주인공에게 쓴 편지 내용도 감동적이라고요.

아이의 얼굴을 살짝 훔쳐보니 기분이 좋아 보였습니다. "처음엔 짜증났지만 하고 나니 기분이 좋지 않아?"라고 물었더니 이렇게 대답했습니다.

"아빠, 내 기분을 어떻게 알았어요?"

그리고는 엄마가 내준 연산 문제까지 내처 풀기 시작했습니다. 평소 같으면 엄마와 30분 정도 실랑이를 할 수도 있었을텐데, 상대적으로 작고 쉬운 습관을 먼저 실천하여 성취감이 생기니 연산 문제에 대한 거부감도 사라지고 집중력도 높아졌기 때문입니다.

매일 실천하는 습관에 대해서는 상대적으로 뇌의 거부감도 약할 수밖에 없습니다. 예를 들면 은율이가 실천하는 습관은 매일 하루 10분 정도면 충분히 성공할 수 있을 만큼 작은 습관입니다. 뇌의 관점에서 보면 은율이의 습관은 난이도가 낮으면서도 익숙해진 행동이라서 거부감도 약하고 집중도 잘할 수 있습니다. 무엇보다 습관부터 실천하고 나면 순식간에 하나의 과제를 완성했다는 안도감과 성취감 때문에 아이의 기분이 좋아집니다.

이처럼 본격적인 공부에 앞서 운동이나 놀이를 하거나, 또는 쉽게 할 수 있는 작은 습관부터 실천하면 뇌는 준비운동이 됩니다. 준비운동이 끝난 뇌는 좀 더 도전적이고 난이도가 높은 학습을 하더라도, 아이가 집중력을 유지하고 몰입하게 만드는 놀라운 힘이 있습니다.

습관으로 아이의 재능을
뛰어넘는다

어렸을 때 어떤 습관을 형성하는지가 아이의 미래를 결정할 수 있습니다. 안타깝게도 성인이 되면 습관을 고치기가 너무나 힘들기 때문입니다.

성인의 습관 실천, 실패의 이유들

제가 운영하는 성인을 위한 '습관홈트 일일 실천 프로그램'의 통계 자료를 보면, 1기 참가자들은 세 번째 달에 참가자 중 50%가 중도 포기했고, 성공률도 82%에서 66%로 16%나 급락하여 죽음의 계곡에 빠졌습니다.

    습관을 포기한 이유도 다양했습니다. 사회 초년생인 직장인 남자의 경우 업무가 과다하여 피곤하기 때문에, 대학생인 여자 참가자는 학교 공부에 집중하고 싶다며, 또 다른 직장인 남자 참가자는 이직을 준비해야 하기 때문에 습관을 포기했습니다.

습관을 포기하게 된 이유는 다양하지만, 결국 시간관리 습관이 형성되지 않았기 때문입니다. 즉 하루 10분이면 충분한 습관도 실천하지 못하고 중도 포기하는 것은, 어려서부터 자기주도적 목표 관리 능력이나 시간관리 습관이 형성되어 있지 않았기 때문입니다. 성인이 되어서 습관을 만드는 것은 이처럼 더 힘든 일입니다.

학습된 근면성

휴스턴대학교의 심리학자인 로버트 아이젠버거(Robert Eisenberger)는 연습을 통해 근면성이 학습되는 현상에 '학습된 근면성(Learned Industriousness)'이란 이름을 붙였습니다.

아이젠버거는 초등학교 2~3학년 아이들을 대상으로 한 실험에서 그룹을 2개로 나눈 뒤, A그룹에게는 문제를 낸 뒤 정답을 맞추면 난이도를 조금씩 높였습니다. 반면 B그룹의 경우 문제를 낸 뒤 정답을 맞추어도 난이도가 동일한 유사한 문제만 계속 내주었습니다.

나중에 두 그룹의 아이들에게 동일하게 '단어 옮겨 적기'라는 지루한 과제를 시켰습니다. 실험 결과 문제의 난이도를 조금씩 높였던 A그룹의 아이들이 과제를 더 열심히 했습니다. 즉, 훈련을 통해 아이들의 근면성과 끈기가 학습될 수 있음을 보여준 실험입니다.

아인슈타인 같은 천재도 타고난 재능보다는 끊임없는 노력을 게을리하지 않았기 때문에 결국 뛰어난 이론을 탄생시킬 수 있었습니다. 그는 한 가지 이론을 증명하기 위해 10년 이상 반복하고 또 반복했습니다. 하나의 문제를 포기하지 않고 10년 이상 탐구하고 매달렸기 때문에 상대성이론을 탄생시킬 수 있었던 것입니다.

미국의 35대 대통령인 존 F. 케네디는 어린 시절부터 부모의 교육 철학 덕분에 독서뿐만 아니라 미식축구, 요트, 테니스 및 수영 등 여러 가지 운동을 배울 수 있었습니다.

부모가 시키는 일을 좋아하고 따르는 아이는 흔하지 않습니다. 처음 배우는 운동은 서툴러서 쉽게 지겨워지고 실력 향상도 더딜 수밖에 없기 때문에 중도에 포기하는 경우가 많습니다. 케네디도 가끔은 운동이 싫증 나고 귀찮을 때가 있었지만, 그럼에도 수영을 포함한 운동을 포기하지 않고 열심히 한 덕에 2차 세계대전에서 가까스로 목숨을 건질 수 있었습니다.

태평양의 솔로몬 제도 앞바다에서 케네디가 탄 해군 어뢰정이 일본 구축함의 공격으로 침몰하여 중상을 입었을 때, 그는 다른 부하들과 함께 태평양 바다를 4시간 동안 헤엄쳐 살아날 수 있었습니다. 만약 케네디가 어렸을 때 수영을 게을리하고 포기했다면 목숨을 잃었을지도 모릅니다.

습관은 위대한 힘이다

습관은 평범합니다. 하지만 그것을 위대하게 만드는 것은 지속하는 힘입니다. 무슨 일이든 처음에는 서툴러도 매일 반복해서 연습하면 조금씩 잘하게 되고 자신감이 붙게 됩니다. 어려서부터 포기하지 않는 끈기가 몸에 배도록 꾸준히 훈련하는 것이 위대함으로 가는 유일한 길입니다.

재능만으로는 한 분야의 전문가가 될 수 없습니다. 아인슈타인과 케네디처럼, 수많은 반복과 훈련으로 노력하면 위대한 성과를 달성할 가능성이 높습니다. 어린 시절부터 포기하지 않고 노력하여 얻은 '학습된 근면성'은 평생 습관이 되어 아이의 성장을 도와줄 것입니다. 그 중심에는 작지만 꾸준히 실천해온 습관이 자리 잡고 있습니다. 어려서부터 형성된 좋은 습관은 재능을 뛰어넘어 앞으로 나아가게 하는 힘이 있으며, 그 힘을 통해 아이는 원하는 미래를 만들어갈 수 있을 것입니다.

습관 실천이 우리 가족에게 가져온 변화

여름방학을 맞은 은율이가 생활통지표를 손에 들고 왔습니다. 교과평가가 모든 항목에서 "매우 잘함"이라는 평가를 받았지만, 무엇보다도 저의 눈길을 사로잡은 것은 '행동특성 및 종합의견'이었습니다.

학습 활동에 호기심과 열의가 있으며 과제를 꼼꼼하게 해결하는 습관이 잘 형성되었음.

『초등 6년 공부습관, 중고 6년 좌우한다』의 저자인 김수정 선생님도 행동특성 및 종합의견이 중요함을 강조했습니다. 그 이유는 교과 활동을 제외한 나머지 영역에서 아이의 행동특성 및 담임선생님의 종합적인 의견이 기술되기 때문이라고 합니다. 다시 말해, 학교에서 보이는 전반적인 생활태도, 봉사정신, 교우관계, 자기주도적인 행동양식 등이 기술되는데, 특히 행동특성 및 종합의견은 아이의 학습적인 면뿐만 아니라 인성적인 면도 평가하기 때문에 매우 큰 의미를 가집니다.

따라서 성적을 1~2점 올리기 위한 생활보다는 아이의 전반적인 학교생활이 두루두루 잘 이뤄질 수 있도록 많은 관심을 기울일 것을 권장하고 있습니다.

우리 아이 좋은 습관을 어떻게 만들어줄까?

저는 딸에게 늘 죄책감을 느끼고 있었습니다. 부모가 바쁘다는 이유로, 모국어를 배워야 할 중요한 시기인 세 살부터 다섯 살까지 낯선 외국에서 방치했기 때문입니다. 그런데 아이 습관 만들기 프로젝트의 모티브가 되었던 '아빠는 노트 선생님' 습관을 처음 시작했던 2016년 5월 이후, 1년 2개월 만에 아이의 습관이 잘 형성되었다는 담임선생님의 평가는 커다란 보람을 선물해주었습니다.

아이가 국어시험이나 수학시험에서 몇 점을 받았고, 반에서 몇 등을 했다는 성적보다, 스스로 주도적으로 학습계획을 세우고 실천하는 습관이 무엇보다도 중요하다고 생각합니다. 그래야만 모든 활동에 호기심과 열의를 가득 채울 수 있기 때문이지요.

그렇다면 부모는 어떻게 아이들에게 좋은 습관을 만들어줄 수 있을까요?

첫째, 부모가 먼저 좋은 습관을 만들고 아이들에게 보여주어야 합니다. 아이들은 부모를 따라 하게 마련입니다. 부모의 말투나 행동 하나하나를 따라 하지요. 부모는 아이에게 거울입니다. 부모가 어떤 습관을 매일 실천하고 있는지가 아이의 성장에 매우 중요한 역할을 한다고 볼 수 있습니다.

만약 아이가 책 읽는 습관을 가지기를 바라는 부모라면, 먼저 부모가 책 읽는 모습을 자주 보여주어야 합니다. 낮잠을 자거나 어제 보지 못한 TV 드라마를 챙겨보던 중이더라도, 아이가 학교에서 돌아오는 시간에는 책을 읽는 척이라도 해야 합니다. 그것이 아이에게 책을 읽는 환경을 만들어주고 습관을 형성하는 데 효과적입니다.

은율이는 아빠의 메모 노트 습관을 보고 따라 하기 시작했고, 그것은 아이의 습관 형성에 밑거름이 되었지요. 지금은 '아이 습관 만들기 프로젝트'를 2년 이상 포기하지 않고 실천하고 있습니다.

둘째, 부모가 아이에게 습관 실천 방법을 가르쳐주어야 합니다.

아이가 습관을 지속하지 못하는 것은 단지 지속하는 방법을 모르기 때문입니다. 앞에서 소개한 SWAP 기법에 따라서, 아이가 작은 습관이라도 올바르게 매일 실천할 수 있도록 지도해야 합니다. 부모의 피드백을 통한 꾸준한 연습만이 아이의 올바른 성장을 이끌어줄 수 있습니다.

셋째, 아빠가 적극적으로 '아이 습관 만들기 프로젝트'에 동참해야 합니다. 놀이를 통한 아빠의 적극적인 육아 참여는 아이를 건강하고 밝게 자라게 하는 밑거름이 되며, 무엇보다도 공부하기 전 신체활동을 통해 집중력을 향상시키는 중요한 역할을 합니다.

부모도 성장하고 아이도 덩달아 성장하는 놀라운 습관의 기적은 바로 부모로부터 시작되어야 합니다. 부모가 변해야 아이도 따라 변합니다. 하지만 그 과정은 지루하고 고단하고 힘들 수밖에 없습니다. 이 책이 그 고단한 과정의 시간을 줄여주고 성공에 이르도록 돕기를 소망합니다.

참고 문헌

강신주, 『강신주의 감정수업』, 민음사, 2013년.

게리 켈러, 제이 파파산, 『원씽』, 구세희 역, 비즈니스북스, 2013년.

고가 후미다케, 기시미 이치로, 『미움받을 용기』, 전경아 역, 인플루엔셜, 2014년.

고영성, 『부모공부』, 스마트북스, 2016년.

공병호, 『공병호 습관은 배신하지 않는다』, 21세기북스, 2011년.

구본형, 『나에게서 구하라』, 김영사, 2016년.

구본형, 『익숙한 것과의 결별』, 을유문화사, 2007년.

김상운, 『왓칭1』, 정신세계사, 2011년.

김수정, 『초등 6년 공부습관, 중고 6년 좌우한다』, 문예춘추사, 2013년.

김승호, 『생각의 비밀』, 황금사자, 2015년.

토마스 콜리, 『인생을 바꾸는 부자습관』, 박인섭, 이연학 역, 봄봄스토리, 2017.

김영훈, 『4~7세 두뇌 습관의 힘』, 예담프렌드, 2016년.

나인수, 『내가 이걸 읽다니』, 유노북스, 2017년.

대니얼 길버트, 『행복에 걸려 비틀거리다』, 서은국, 최인철 역, 김영사, 2006년.

데일 카네기, 『데일 카네기 자기관리론』, 이문필 편역, 리베르, 2009년.

레이 힐버트, 『청소부 밥』, 신윤경 역, 위즈덤하우스, 2006년.

로버트 마우어, 『두려움의 재발견』, 원은주 역, 경향BP, 2016년.

로버트 마우어, 『아주 작은 반복의 힘』, 장은철 역, 스몰빅라이프, 2016년.

로버트 치알디니, 『설득의 심리학』, 황혜숙 역, 21세기북스, 2013년

류선성, 나승빈, 『세계 최고의 교육법』, 이마, 2017년.

마이클 A 싱어, 『될 일은 된다』, 김정은 역, 정신세계사, 2016년.

멜 로빈스, 『5초의 법칙』, 정미화 역, 한빛비즈, 2017년.

모치즈키 도시타카, 『보물지도』, 은영미 역, 나라원, 2009년.

문석현, 『미래가 원하는 아이』, 메디치미디어, 2017년.

박웅현, 『여덟 단어』, 북하우스, 2013년.

방현철, 『부자들의 자녀교육』, 이콘, 2007년.

브라이언 트레이시, 『백만불짜리 습관』, 서사봉 역, 용오름, 2005년.

송재환, 『초등 1학년 공부, 책읽기가 전부다』, 예담프렌드, 2013년.

송재환, 『초등 2학년 평생 공부습관을 완성하라』, 예담, 2016년.

스티븐 기즈, 『습관의 재발견』, 구세희 역, 비즈니스북스, 2014년.

신영복, 『강의 나의 동양고전 독법』, 돌베개, 2004년.

신원식, 『똑똑한 특목고 공부법』, 팜파스, 2008년.

안데르스 에릭슨, 『1만 시간의 재발견』, 강혜정 역, 비즈니스북스, 2016년.

앤절라 더크워스, 『그릿』, 김미정 역, 비즈니스북스, 2016년.

엠제이 드마코, 『부의 추월차선』, 신소영 역, 토트, 2013년.

오은영, 『불안한 엄마 무관심한 아빠』, 김영사, 2017년.

오프라 윈프리, 『내가 확실히 아는 것들』, 송연수 역, 북하우스, 2014년.

윌리엄 브리지스, 『내 삶에 변화가 찾아올 때』, 김선희 역, 물푸레, 2006년.

유근용, 『메모의 힘』, 한국경제신문, 2017년.

유성은, 『성공하는 사람들의 시간관리 습관』, 중앙경제평론사, 2013년.

윤선현, 『아이의 공부습관을 키워주는 정리의 힘』, 예담, 2017년.

이민규, 『실행이 답이다』, 더난출판사, 2011년.

이사카 다카시, 『드러커 피드백 수첩』, 김윤수 역, 청림출판, 2017년.

이시다 준, 『지속력―끈기없는 우리 아이 좋은 습관 만들기 프로젝트』, 김상애 역,
　　페이지팩토리, 2015년.

이안 로버트슨, 『승자의 뇌』, 이경식 역, 알에이치코리아, 2013년.

이지성, 『꿈꾸는 다락방』, 국일미디어, 2009년.

이지원, 『특목고 초등 4학년 성적이 결정한다』, 책이있는풍경, 2010년.

임은희, 『5초 실행의 기적』, 가나북스, 2016년.

임진국, 『박찬호의 끝나지 않은 도전』, 스코프, 2011년.

조벽, 최성애, 『내 아이를 위한 감정코칭』, 한국경제신문사, 2011년.

조신영, 『성공하는 한국인의 7가지 습관』, 한스미디어, 2012년.

조지프 캠벨, 『신화와 인생』, 박중서 역, 갈라파고스, 2009년.

존 맥스웰, 『사람은 무엇으로 성장하는가』, 김고명 역, 비즈니스북스, 2012년.

짐 트렐리즈, 『하루 15분 책 읽어주기의 힘』, 눈사람 역, 북라인, 2012년.

찰스 두히그, 『1등의 습관』, 강주헌 역, 알프레드, 2016년.

찰스 두히그, 『습관의 힘』, 강주헌 역, 갤리온, 2012년.

찰스 핸디, 『코끼리와 벼룩』, 이종인 역, 모멘텀, 2016년.

최광현, 『가족의 두 얼굴』, 부키, 2012년.

최명기, 『게으름도 습관이다』, 알키, 2017년.

최인철, 『프레임』, 21세기북스, 2016년.

최진석, 『생각하는 힘 노자 인문학』, 위즈덤하우스, 2015년.

클라우디아 해먼드, 『어떻게 시간을 지배할 것인가』, 이아린 역, 위즈덤하우스,
  2014년.

팀 페리스, 『타이탄의 도구들』, 박선령, 정지현 역, 토네이도, 2017년.

한재우, 『혼자하는 공부의 정석』, 위즈덤하우스, 2018년.

한창욱, 『나를 변화시키는 좋은 습관』, 새론북스, 2012년.

"습관은 위대한 씨앗이다."